经济管理学术文库·管理类

区域水资源生态补偿机制研究

Study on the Ecological Compensation System of the Regional Water Resources

陈华东／著

U0305319

经济管理出版社
ECONOMY & MANAGEMENT PUBLISHING HOUSE

图书在版编目（CIP）数据

区域水资源生态补偿机制研究/陈华东著. —北京：经济管理出版社，2017.12
ISBN 978-7-5096-5502-3

Ⅰ.①区…　Ⅱ.①陈…　Ⅲ.①区域资源—水资源管理—生态环境—补偿机制—研究
Ⅳ.①TV213.4

中国版本图书馆 CIP 数据核字（2017）第 278926 号

组稿编辑：杨国强
责任编辑：杨国强　张瑞军
责任印制：黄章平
责任校对：王淑卿

出版发行：经济管理出版社
　　　　　（北京市海淀区北蜂窝 8 号中雅大厦 A 座 11 层　100038）
网　　　址：www.E-mp.com.cn
电　　话：（010）51915602
印　　刷：北京晨旭印刷厂
经　　销：新华书店
开　　本：720mm×1000mm/16
印　　张：12.25
字　　数：190 千字
版　　次：2017 年 12 月第 1 版　2017 年 12 月第 1 次印刷
书　　号：ISBN 978-7-5096-5502-3
定　　价：68.00 元

前　言

水是人类社会赖以生存和发展的不可替代的资源，深刻地影响着社会经济生活的各个方面，关系到国家经济安全与社会稳定和可持续发展。我国是一个缺水的国家，但在粗放型经济增长模式下，水体污染已经严重威胁着人民生活和社会稳定。环境保护日益受到我国党和政府的高度重视。不过，综观目前国内水资源保护的理念，仍延续的是末端治理路线。各流域水资源保护规划中，关注的对象主要是流域水体，以工程技术为主要治理手段，从而使治理效果不尽如人意。

水资源生态补偿制度作为一种新型的环境管理模式，体现了水资源污染防治的末端治理向源头保护逐渐转变的趋势，因而更具有成本优势。李文华院士认为，中国目前已经具备了建立生态补偿机制的科学研究基础、实践基础和政治意愿。区域水资源生态环境保护涉及跨行政区的各级政府、组织和群众等不同的利益群体。因此，建立由各级政府、各类不同区域的组织以及群众的积极参与协作的区域水资源生态补偿机制，对实现区域水资源生态环境的可持续发展具有重要意义。基于此，本书以区域公共管理理论为视角，构建了区域水资源生态补偿府际协调的框架，通过对区域水资源补偿标准、补偿资金的使用和筹集以及水资源生态环境监测服务机制的研究，提出了促进区域水资源生态补偿机制建设的具体措施。

本书以区域管理理论、交易成本理论和博弈论为基础，综合运用管理学、经济学和社会学的各类调查研究方法，对区域水资源生态补偿机制进行了研究。其主要创新点为：①本书将府际协调合作理论引入区域水资源生态补偿机制建设，拓展了补偿主体的范围，加深对府际协调参与中公众参与形态的认识，利用府际协调演化博弈证明，公众参与的区域水资源生态补偿才能推动区域生态环境可持续发展。基于对现实体制的认识，提出建立区域水资源生态补偿宏观和微观管理机制，使跨区水资源生态补偿合作机制建设更具有现实意义。②本书从政策过程角度，提出生态补偿标准是动态的，因此，基于区域水质量的生态补偿是一种阶段补偿方式，主要适用于区域水资源生态环境处于水资源生态系统演化的新平衡状态阶段。当上游水资源生态环境治理效果好转时，应逐步建立区域水资源生态保护补偿模型。③本书提出了组建网络结构的区域水资源生态补偿资金使用和筹措渠道，补偿资金使用和筹措方法的多样性有利于增强补偿机制的灵活性和适应性。④本书运用委托—代理模型，分析政府与监测部门合谋、公众监督对区域水资源监测服务质量的影响，提出环境监测市场化、转变环境管理职能，以及推进采取公众监督形式多样化的建议。

本书承蒙施国庆教授的悉心指导，才得以有今天的成果。在选题、结构设计、资料收集和实地调查、写作等方面都倾注了导师的大量心血。导师敏锐的思维、渊博的知识、开阔的视野和严谨的治学态度，使我受益终身，在此谨对导师表示最诚挚的谢意！本书得到河海大学陈绍军教授、陈阿江教授、王毅杰教授、黄涛珍教授的指导与建议，在此向他们表示感谢。最后，谨将此书献给我的父母与爱人，感谢他们多年来的鼓励、理解和帮助！

由于作者水平有限，编写时间仓促，所以书中不足与疏漏之处在所难免，恳请广大读者批评指正。

目　录

第一章 绪 论

第一节 研究背景及意义

一、研究背景

(一) 水污染形势严峻

水是人类社会赖以生存和发展的不可替代的资源，深刻地影响着社会经济生活的各个方面，关系到国家经济安全与社会稳定和可持续发展。我国平均年径流总量约为2.7万亿立方米，相当于全球陆地径流总量的5.5%，占世界第5位，仅次于巴西、俄罗斯、加拿大和美国。但按照人均占有水资源量计算，我国人均水资源为2200立方米，仅及世界平均水平的1/4，属于缺水的国家。与此同时，日益严重的水体污染也加剧了水资源的紧缺程度。2007年12月，中国环境监测总站发布的环境公告显示，我国七大水系（含国界河流）190条河流的367个断面中，Ⅰ~Ⅲ类水质断面占58%，Ⅳ、Ⅴ类占22%，劣Ⅴ类占20%。水质总体呈中度污染，主要污染指标为氨氮、需氧量和高锰酸盐指数。

在粗放型经济增长模式下，各地继续以牺牲环境来谋取经济增长，使不断加剧的水污染问题严重威胁着人民生活和社会稳定。以太湖流域为例，1987~2001年的15年间由水污染造成的直接经济损失增长了约1251亿元，年均增长速度达6.67%，其中2001年由水污染造成的损失占到该地区当年GDP的19%。

（二）水事矛盾冲突加剧

在传统经济增长方式的巨大惯性和地方政府的 GDP 崇拜下，地方政府在"招商引资"、"亲商、爱商"口号下与企业形成了牢固的利益关系，显示出环境污染问题中特殊利益集团对公共环境的侵害。例如，原国家环保总局计划在 2007 年推出《规划环评条例》，截至 2007 年底，由于各部门严重的职能交叉与一些地方片面追求经济发展的业绩观，《规划环评条例》没有能够按计划出台。环境保护中利益冲突和博弈使近年来我国因环境问题引发的群体性事件以年均 29% 的速度递增。2005 年，全国发生环境污染纠纷 5.1 万起。2006 年，全国各类突发性环境污染事件平均每两天就发生一起。2006 年 1~6 月，国家环保总局共处理突发性环境事件 86 起，高于 2002 年全年的 76 起。绝大部分突发性环境事件都涉及水污染。在很多地方，频频发生的水污染突发性事件不仅影响了流域的经济发展，而且也造成流域内不同群体的冲突与隔阂，对社会的安定带来潜在的负面影响。

（三）水资源保护理念滞后

面对日益严峻的环境污染形势，2006 年 4 月 17~18 日温家宝在第六次全国环境保护大会上提出要实现"三个转变"的发展目标，即从重经济增长轻环境保护转变为保护环境与经济增长并重，从环境保护滞后于经济发展转变为环境保护和经济发展同步推进，从主要用行政办法保护环境转变为综合运用法律、经济、技术和必要的行政办法解决环境问题。

但综观目前国内水资源保护的理念，仍然延续的是末端治理路线。各流域水资源保护规划中，关注的对象主要是流域水体，以工程技术为主要治理手段。为保证整个流域人民群众的生活和生产用水，对主要流域的水源地采取限制开发的政策。从实践上看，虽然全国不少地区都正在积极试行生态补偿机制，但由于补偿体制和机制不完善，在生态补偿过程中存在着一系列问题，如生态补偿过程行政干预过多，补偿难以体现市场需要；补偿缺乏必要的权益依据；补偿标准过低，难以充分发挥补偿效益。由于生态服务供应者和消费者之间的权责关系的严重不协调，使我国的生态保护面临很大困难。上游地区因水源保护区的划设使其发展受到限制，保护区内的居民并无法享受到这些限制所产生的效益，却必须负担水资源保护的成本，而下游之用水者享用上游水源保育的利益却无须付出费用，免费享受由上游民众所产生的外部效益。这不可避免地把上游供水区和下游用水区放在了一个不平等的位置，导致上游地区因受水环境功能的制约，形成大面积贫困人口集中区，由于权益的限制，难以摆脱贫困境地。

随着中央提出了科学发展观，近年来从中央到各级地方政府都掀起了生态建设热潮。2005年12月颁布的《国务院关于落实科学发展观加强环境保护的决定》、2006年颁布的《中华人民共和国国民经济和社会发展第十一个五年规划纲要》等关系到中国未来环境与发展方向的纲领性文件都明确提出，要尽快建立生态补偿机制。李文华院士也认为，中国目前已经具备了建立生态补偿机制的科学研究基础、实践基础和政治意愿。从公平、公正和水源地群众的经济社会发展看，本书认为，生态补偿机制不仅要符合"谁开发谁保护、谁破坏谁恢复、谁受益谁补偿、谁排污谁付费"的原则，而且生态补偿需要在尊重水源地相关利益群体利益诉求的基础上，发挥补偿的"造血"功能，将补偿资金转化为适合水源保护区的项目，使水源保护区产业结构调整同保护环境、消除贫困联系起来，从而实现水源地生态、经济和社会的可持续发展。

二、研究意义

长期以来，我国一直将水资源当作取之不尽的"自然物"，致使水资源被过度利用开发，使全国的水资源面临严峻的形势。加之我国政府对水资源价值作用缺乏足够的认识，忽视市场的作用，水资源的保护和利用过程中政府干预过多，致使流域水资源治理成本很高，而效率较低。目前，水资源保护的观念已由水资源污染防治的末端治理逐渐转变为源头的保护，从世界各国的水资源保护实践看，源头的保护工作比末端治理更具有成本优势。本书认为，水资源生态补偿制度作为一种新型的环境管理模式，其能否成功实施，一方面取决于生态补偿标准的确定，要使所确定的补偿标准达到生态上合理、经济上可行、社会上可接受的方式；另一方面取决于补偿的反馈方式，要从水源地经济、社会、生态环境可持续发展的角度，积极利用有限的补偿资金，引导水源地产业结构向环境友好方向调整，创造就业机会，促进农民增收。

本书从区域的角度，研究生态补偿机制的组织架构。区域水资源问题更多涉及跨行政区的各级政府和组织，存在多种不同的利益群体。如何确定合理的生态补偿标准，不仅需要跨行政区的各级政府多方协调，还需要各类不同区域的民间组织以及群众的积极参与，以形成相互协作的区域水资源生态环境治理公共平台，在此基础上，协商确定的生态补偿标准，才更符合公平、公正原则，体现水资源补偿的市场价值。因此，合理、可行的生态补偿机制组织架构，是有效开展生态补偿的组织保证，对生态补偿机制建设具有重要意义。

以往的生态补偿研究，学者大多从管理者的角度，探讨补偿的方式，由于补偿资金有限，补偿的对象主要是受限区的地方政府，忽略了当地群众的利益诉求和发展权，因此生态补偿缺乏可持续性，不能激励受限区群众生态建设的积极性。本书通过深度访谈和问卷调查，从受限者和生态受益者角度，分析生态补偿资金的回馈方式，找出两者的争议的焦点，集合两者的意愿以及现实的可能性，寻找有利于水源地经济、社会和生态环境可持续发展的资金使用方式，发挥生态补偿资金的"造血"功能，从而实现生态补偿的真正内涵，对我国生态补偿的实践和研究具有重要参考意义。

第二节　生态补偿的概念辨析

生态补偿（Ecological Compensation）是当前生态经济学界的热点问题之一。虽然国内外对生态补偿的定义还有不少争论，但随着对问题认识的深化，学者们大致形成了从"物—物"关系到"人—人"关系的系统认识。

第一种观点认为，生态补偿最初源于自然生态补偿，《环境科学大词典》将它定义为"生物有机体、种群、群落或生态系统受到干扰时，所表现出来的缓和干扰、调节自身状态、使生存得以维持的能力，或者可以看作生态负荷的还原能力"。这是生态补偿的直观解释，着重强调了自然生态系统的自我修复功能。叶文虎等认为，自然生态补偿是"自然生态系统对由于社会、经济活动造成的生态环境破坏所起的缓冲和补偿作用。"主要强调人类社会经济活动对生态的影响，以及自然生态系统的缓冲—适应能力。

第二种观点认为，生态补偿就是在有限资源条件下，人们通过采取措施确保生态环境质量或功能的行为，从而达到确保区域内生态平衡的目的。Cuperus 等认为，生态补偿定义是"对在发展中造成生态功能和质量损害的一种补助，这些补助的目的是提高受损地区的环境质量或者用于创建新的具有相似生态功能和环境质量的区域。"美国国家公路研究合作计划（NCHRP）报告也指出，"生态补偿是通过改善、创造或陪育湿地或其他自然栖地，以取代因为开发而造成湿地或自然栖地面积或功能上的损失。"

第三种观点从利益关系角度出发，指出生态补偿是将生态保护的外部性内部化，是一种对行为或利益主体的补偿。在 1992 年联合国《里约环境与发展宣言》及《21 世纪议程》中明确指出："在环境政策制定上，价格、市场和政府财政及经济政策应发挥补充性作用；环境费用应该体现在生产者和消费者的决策上；价格应反映出资源的稀缺性和全部价值，并有助于防止环境恶化。"章铮认为，生态环境补偿就是为了控制生态破坏而征收的费用，其目的是使外部成本内部化。庄国泰等则认为，生态环境补偿是对自然生态环境价值进行的补偿，是为损害生态环境而承担费用的一种责任，生态环境补偿的目的在于利用经济手段制约对生态环境损害的行为。王钦敏将生态补偿定义为"生态环境产生破坏或不良影响的生产者、开发者、经营者应对环境污染、生态破坏进行补偿，对环境资源由于现在的使用而放弃的未来价值进行补偿。"显然，这里的生态补偿主要意义在于表明资源的有偿使用原则。从理论上看，这类生态补偿类型的依据在于：其一，资源的稀缺性，经营者的行为在某种程度上减少了社会未来的选择机会，形成了局部受益和全社会平摊资源代价的关系，因此资源的经济受益者有义务对社会做出一定的价值补偿。其二，征收生态补偿类税费的目的在于，通过提供一种减少生态环境损害的经济刺激手段，遏制单纯资源消耗型经济增长，提高生态资源利用率，尽量减少经营者的资源利用行为所造成的直接环境损害。

随着人们对环境问题越来越多的关注，政府开始高度重视生态环境保护和建设工作，国家"十一五"规划更是明确提出，"坚持预防为主、综合治理，强化从源头防治污染和保护生态，坚决改变先污染后治理、边治理边污染的状况。"生态补偿的概念也从对污染生产者的制约，向对生态环境保护、建设者的财政转移补偿机制转变，将生态补偿机制看成是调动生态建设积极性，促进环境保护的利益驱动机制、激励机制和协调机制。从这个意义上讲，生态补偿还应包括对因环境保护而丧失发展机会的区域内的居民资金、技术、实物上的补偿、政策上的优惠，以及为增进环境保护意识，提高环境水平而进行的教育科研费用的支出。毛显强等将生态补偿定义为："通过对损害（或保护）资源环境的行为进行收费（或补偿），提高该行为的成本（或收益），从而激励损害（或保护）行为的主体减少（或增加）因其行为带来的外部不经济性（或外部经济性），达到保护资源的目的。"

综上所述，生态补偿不仅包括生态环境功能和损害的直接补偿，还包括对生态环境密切相关的群体的利益调整。根据《中华人民共和国环境保护法》对环境概念的阐述："本法所称环境是指影响人类生存和发展的各种天然的和经过人工改造的自然因素的总体，包括大气、水、海洋、土地、矿藏、森林、草原、野生生物、自然遗迹、人文遗迹、风景名胜区、自然保护区、城市和乡村等。"这里的环境主要指围绕着人类的外部世界，是人类赖以生存和发展的物质条件的综合体，因此，将对自然环境的生态补偿称为环境补偿更为贴切。根据最早提出生态概念的德国生物学家 E.海克尔（Ernst Haeckel）的定义，生态主要指一切生物的生存状态，以及它们之间和它与环境之间环环相扣的关系。因此，更深和更高层次的生态补偿是指人类社会为了维持生态系统对社会经济系统的可持续支持能力，从经济社会系统向生态系统的"反哺投入"，这种反哺投入表现为对生态环境保护和建设的相关行为主体进行经济或政策上的奖惩，以经济手段调整损害或保护生态环境的主体间的利益关系，将生态环境的外部性进行内部化，达到维持、增进自然资本（包括自然生态资源和自然环境容量）的存量或者抑制、延缓自然资本的耗竭和破坏过程的作用，最终促进自然环境以及社会经济系统本身的可持续发展。

第三节 国内外研究进展概述

生态补偿理论最早可以追溯到庇古对外部性的讨论，由于边际私人纯产值和边际社会纯产值的差异，完全依靠市场机制可以形成资源的最优配置从而实现帕累托最优是不可能的。因此，要依靠政府征税或补贴解决经济活动中广泛存在的外部性问题。"二战"后，学者遵循庇古的研究思想，对包括交通拥挤问题、石油和捕鱼区相互依赖的生产者的共同联营问题以及日益受人关注的环境污染问题等对众多的外部不经济问题进行了深入的探讨，并针对外部性（尤其是外在不经济）问题，提出了众多的"内在化"途径。生态补偿问题随着理论研究的深入，逐渐进入学者视野，1992年"里约环发"大会以来，环境污染日趋增多，各国对生态补偿的制度需求和实践探索越来越多，使生态补偿问题日益成为跨学科的综合性问题。

一、生态补偿的理论发展依据

人类的经济活动与环境之间存在密切关系，学者已经认识到，除了人口数量外，人类使用资源的规模、效率以及自然环境承载力都是影响环境的重要因素。

（一）经济外部性理论

早在十八九世纪，古典经济学威廉·配第已经指出劳动创造财富的能力要受到自然条件的限制。此后，1798年马尔萨斯在《人口原理》认为，自然资源的数量是一定的、有限的，而且其增长是缓慢的，当人口指数增长和自然资源的非指数平稳增长在经过一段时间后，或早或迟，人口数量将超过自然资源所能承受的水平，届时不仅自然环境与资源将遭到破坏，而且人口数量将以灾难性的形式，如饥荒、战争、瘟疫等而减少。马尔萨斯的思想后被概括为"资源绝对稀缺"论。李嘉图则从自然资源的非均质性出发，否认自然资源利用的绝对极限，从资源相对稀缺的角度分析自然资源的经济利用问题。在李嘉图看来，技术进步可以提高单位劳动的产出量，因此资源的相对短缺不会制约经济发展。穆勒接受了资源绝对稀缺的概念，但他同时认为极限只是无限未来的事，社会进步和技术革新会克服资源的相对稀缺，并无限推延资源极限的水平。穆勒同时认为，自然环境、人口和财富应保持在一个静止稳定的水平，远离自然资源的极限水平，以防止出现食物缺乏和自然美的大量消失，因为土地提供的人类生活空间和自然景观美的功能也是人类文明生活不可或缺的。1910 年，经济学家马歇尔在《经济学原理》中首次提出"外部性"概念。1920 年，庇古在《福利经济学原理》中发展了这一理论，提出在经济运行中产生的环境污染和生态破坏，这种以危害自然为表现形式的外部性成本发生在市场体系之外，可称之为"负的外部性"。这种"负的外部性"导致了边际私人成本和边际社会成本之间的差异，庇古认为，政府可以通过税收与补贴等经济干预手段使边际税率（边际补贴）等于外部边际成本（边际外部收益），使外部性"内部化"。构建这种外部性内部化的制度，就是生态补偿政策制定的核心目标。

如果说古典经济学说的资源观建立在效用价值论基础上，那么新古典经济学中经济资源的稀缺性则是针对人的需求而言的。在新古典经济学说代表人物萨缪尔森看来，资源稀缺是经济分析的前提。萨缪尔森指出："经济学是研究人和社会进行选择，使用可以有其他用途的稀缺的资源以便生产各种商品，并在现在或将来把商品分配给社会的各个成员或集团以供消费之用。"而曼昆更是把"经济学研究社会如何管理自己的稀缺资源。"在主流经济学理论中，自然资源和技术、资本、劳动等一样都应该作为生产要素看待，他们认为，随着资源的减少，资源的成本上升，技术、知识的进步可以提高资源的利用效率，相对地降低生产成本。因此，对经济增长起决定作用的是人才、技术和资本，自然资源仅起到影响作用。在现代经济学货币化一切生产要素的同时，自然界再生资源和非再生资源在稀缺性质上的差异也被掩盖了。

（二）自然资本理论

20 世纪中叶，全球环境问题日益显现，经济学逐渐开始关注资源的承载力问题。Osborn 和 Vogt 先后探讨了生态系统对社会经济发展的作用，后者还提出了"自然资本"的概念。1972 年，罗马俱乐部梅多斯等发表了《增长的极限》首次在全球范围研究了人口增长、经济发展的资源、环境约束条件。与此同时，SCEP 报告中首次使用"环境服务"（Environmental Service）这一名词。其后 Holdren 和 Ehrlich 将其拓展为"全球环境服务功能"，并增加了生态系统对土壤肥力和生物多样性的环境维持功能。Westman 将其解释为"自然服务功能"（Nature's Services），最后 Ehrlich 和 Ehrlich 将其确定为"生态系统服务"。

1997 年，Daily 在《生态系统服务：人类社会对自然生态系统的依赖性》一书中指出，生态系统提供的商品和服务统称为生态系统服务。人类可持续发展必须建立在保护地球生命支持系统、维持生物圈可持续性和维持生态系统服务功能的可持续性的基础上，人类社会的可持续发展从根本上取决于生态系统及其服务的可持续性。同年，Robert Constanza 等在 *Nature* 发表《世界生态系统服务与自然资本的价值》，论文首先将全球生态系统服务分为 17 类子生态系统，采用或构造了物质量评价法、能值分析法、市场价值法、机会成本法、影子价格法、影子工程法、费用分析法、防护费用法、恢复费用法、人力资本法、资产价值法、旅行费用法、条件价值法等一系列方法分别对每一类子生态系统进行测算，最后进行加总求和，计算出全球生态系统每年能够产生的服务总价值为 16 万亿~54 万亿美元，平均为 33 万亿美元，是 1997 年全球 GNP 的 1.8 倍。2001 年 6 月，联合国秘书长安南亲自支持启动了千年生态系统评估项目（Millenium Ecosystem Assessment，MA），提出全球生态系统的服务评估框架，为指导各国的生态系统服务研究提供指南。

国内学者也开展了生态环境价值的认证。廖万林认为，稀缺的不可再生资源的价格是由其使用价值和价值共同决定的，它由保护和建设环境所耗费的劳动量确定。张发民运用马克思关于自然物只具有"使用价值而不是价值"，以及劳动含义的基础上，指出生态环境是物质资料使用价值的源泉，生态环境具有价值、生态价值和使用价值，进而提出度量生态环境价值和生态经济效益的方法。刘思华同样从马克思的劳动价值出发，认为在人类保护建设生态环境或补偿自然资源消耗的过程中物化在生态系统中的社会必要劳动，是形成生态环境价值的重要部分，它与创造的劳动量成正比，与创造的劳动生产率成反比，由三部分构成：$c+v+m$，其中 c 是补偿、保护和建设生态环境所需要的生产资料的价值；v 是补偿、保护和建设生态环境的劳动者的必要劳动所创造的价值；m 是补偿、保护和建设生态环境的劳动者的剩余劳动所创造的价值。

(三) 可持续发展理论

进入 20 世纪 90 年代中后期，面对经济高速增长与资源环境的矛盾加剧，可持续发展理念逐步流行，作为自然资源有偿使用的一种形式，生态补偿问题开始引起学者关注和政府部门重视。美国将《联邦清洁水行动法案》的第 404 节运用到补偿措施，明确地把发展计划作为生态补偿的重要方面，即 "no-net-loss" 原则。该法案以渔场和湿地保护行为整合，强制项目开发者为湿地区域和功能的损失进行补偿。在短期里，"no-net-loss" 原则主要是为了达到湿地的损失和增益的平衡；从长期看，湿地的扩充将通过生态补偿实现更大效益。南非则将流域生态保护与恢复行动与扶贫有机地结合起来，每年投入约 1.7 亿美元雇用弱势群体进行流域生态保护，改善水质，增加水资源供给。从实践看，各国生态补偿的方式除政府支付外，市场机制也是生态补偿的主要实现途径。各国生态补偿交易主要围绕碳储存、生物多样性保护、流域保护以及景观美化等项目进行。

毛锋从可持续发展角度探讨生态补偿的基本内涵，通过对生态系统自组织与反馈、恢复机制的剖析，提出了生态补偿应遵循的基本准则；并探讨了生态补偿亟待解决的实践困惑和应对策略。杜万平从生态学的角度，将受偿区域作为整体系统研究，将生态补偿机制看成调动生态建设积极性，促进环境保护的利益驱动机制、激励机制和协调机制，认为生态补偿机制的建立旨在协调和理顺系统内各要素的关系，改善系统的物质能量流动，促进生态系统的良性循环。严会超和吴文良也从生态环境补偿与生态可持续发展两者关系的探讨，提出了建立健全生态环境补偿政策以及促进生态可持续发展的措施和建议。

更多国内学者从环境公正和社会可持续发展的角度，对生态补偿机制进行了探讨。陈丹红基于可持续发展观对生态补偿机制的作用进行了全面的阐述，并对如何构建生态补偿机制提出了相应的措施。刘燕回顾了我国双二元经济的形成逻辑同环境污染现状之间的内在联系，指出在双二元经济结构的约束条件下，生态建设供给的博弈均衡应是由东部发达地区和城市先进部门承担绝大部分甚至是全部的生态建设成本，我国生态建设补偿机制的构建方向应该是构建一个有效完善的跨区域、跨部门的生态建设补偿机制，以平衡生态建设者和生态建设受益者之间的成本和收益。贺思源从公平正义观、外部经济理论和生存的伦理，指出我国现行的生态补偿制度存在诸多不足。周大杰认为，生态补偿制度要达到保护上游生态环境，提高上游人民生活水平，又能促进全流域社会经济的可持续发展的目的，不但要廓清其理论概念，阐明补偿的实质、原则、分类、方式，而且需要研制可操作性强的补偿机制和对该机制的监督保障体系。刘成玉等分析了现行生态补偿机制的局限性，认为现行生态补偿机制更多的是为其他目标而并非为生态补偿制定，不能形成一个有机整体来维护环境公平，促进可持续发展，进而提出从赔偿观念、立法、补偿支付机制及地方模式探索等方面推动生态补偿机制从理念到实践的路径。刘雨林通过建立博弈模型发现，当区域收入不均衡的时候，提供生态环境保护与建设的纳什均衡结果也不相同，高收入者（优化开发区和重点开发区）会承担生态环境保护与建设的责任，而低收入者（限制开发区和禁止开发区）则会坐享生态环境保护与建设的效益，因此在西藏主体功能区建设中应当建立跨地区生态补偿的机制，由优化开发区和重点开发区补偿限制开发区和禁止开发区生态环境保护与建设的成本，运用多种生态补偿的方法，解决跨地区生态环境保护与建设的困境。林靓靓从水土保持角度，认为保护者、破坏者、受益者和受害者之间的不公平分配，不仅使水土保持工作面临很大的困难，而且还威胁着生态系统及人类的生存与发展。因此，建立中国水土保持生态补偿机制，可以促进中国水土保持事业的顺利开展和保障人类社会的可持续发展。

上述研究，从理论上确立了生态补偿的合法性，生态补偿作为一种资源环境管理的经济手段开始得到越来越多政府部门和生态环境相关利益群体的接受及应用。

二、补偿主体

理论上，生态补偿的主体包括生态环境的破坏者、受益者、建设者以及生态环境的管理部门。联合国环境规划署（UNEP）在1993年编写的《生物多样性国情研究报告指南》已经利用生态价值类型及其受益者的方法，确定生态补偿的受益者和建设者。但在具体确定生态补偿主体时，涉及生态补偿范围的划定，以及与补偿主体相关的产权问题，当补偿范围比较大时，很难对生态环境的破坏者、受益者、建设者做具体而明确的界定。特别当涉及跨界环境保护问题时，不同区域集团在环境保护过程中对权责分担的相互推诿、扯皮，使生态补偿效果降低或难以达到预期的目标。如广西桂林阳朔大榕树风景区管理处与附近村民围绕旅游资源开发引起的矛盾冲突就是生态补偿的典型案例。付健认为，大榕树景区之所以能建成风景区并赢利，是因为有大榕树这个标志性景观的存在及其背后的文化；而大榕树能保存至今，离不开村民的保护行为，管理处是村民保护大榕树行为的直接受益者。管理处代表国家行使经营权，也应该代表国家对村民进行生态补偿。钟瑜在分析鄱阳湖区退田还湖生态补偿机制时，认为鄱阳湖区退田还湖的农民为保护湿地恢复生态而出让其部分权利，应得到补偿。而谁来补偿，需要根据湿地生态服务功能价值评估确定。

在跨区域的生态补偿问题中，虞锡君利用太湖流域环境问题研究，提出根据"谁污染谁治理"的原则，当某行政区呈现水环境负外部性时，由该行政区提供经济补偿。其补偿主体是造成跨界水污染的县级及以上行政区域，以当地政府为代表；补偿对象是跨界水污染的受害区域。具体有三种类型：一是在太湖上游4个水系的源头县级行政区建立水生态保护补偿机制，保护太湖源头地区水质优良；二是在太湖沿岸区域建立公共湖泊水生态补偿机制，以河流入湖口水质以及太湖近岸水质为考核对象，运用倒逼机制确定太湖沿岸行政区域的出入境水质，它是跨界水污染补偿机制的一种表现形式；三是在太湖上下游其他地区实行以县行政区域为基本考核单位的邻域跨界水污染补偿机制。俞海以南水北调中线水源涵养区为例，认为南水北调中线水源涵养区所提供的生态服务功能主要是由工程下游沿线地区所享受，当地政府和中央政府是受益者的集体代表，他们应是南水北调中线水源涵养区生态补偿问题中提供补偿的主体。而南水北调中线水源涵养区的企业法人和社区居民因生态服务功能承担了各种机会成本和生态投入，地方政府也因限制发展而承担一定的机会成本损失，因此他们是接受补偿的主体。

实践方面，如新安江流域生态补偿问题的争议：安徽省黄山市是流域上游的水源涵养区，而浙江省杭州市是流域下游的受益区。两市都对新安江流域生态补偿问题十分重视，但在如何补偿的问题上却各持己见。上游的安徽省黄山市提出

"新安江流域共享共建"的建议，希望从下游的浙江省获得生态补偿，并期待浙江省投资，以发展低污染、无污染的新型工业；浙江省杭州市则认为，上游的水质得不到保障，特别是总氮和总磷指标甚至达到V类水标准，对下游水质造成不良影响，上游没有提供合格的水，下游不应对其进行补偿。

实际上，生态环境的破坏者、受益者、建设者的主体身份不是一成不变的，在环境保护中，主体兼有几种身份是很平常的。如居住在流域上游的农民，在不同的时间和地点，他在生态补偿中扮演了不同的角色，他不仅是生态环境保护的主要贡献者，也是面源污染的参与者，同时也是上游生态环境改善的受益者。与此同时，生态补偿中主体身份的确定还与生态环境的衡量标准密切相关，如新安江流域生态补偿中安徽和浙江的争议主要源于两地水污染标准的不同认识。

三、生态补偿标准确定

理论上，研究者认为生态补偿是以实现外部成本内部化为基本原则，因此准确测定生态服务外部成本就需要解决"应该补偿多少"的问题，是资源补偿要达到的目标，需要对自然资源环境的经济价值进行测算。常用的方法包括成本估算法和生态服务价值增益法。

成本估算法，就是对提供流域生态服务或产品的各种投入成本进行计算，作为生态补偿依据，确保生态保护者的物质利益及流域生态环境的可持续发展。如福建省在制定生态公益林补偿标准时，主要考虑森林资源培育成本、管护费用和因公益林造成的利润损失3个因素。胡熠和黎元生则从可行性和可操作性方面，认为生态重建成本可以相对客观地反映出上游地区生态重建成本的投入情况，测算较准确，具有普遍推广价值，并以闽江下游福州市补偿上游南平市为例进行实证研究。谢永刚以扎龙湿地自然保护区修复为例，分析了各地向保护区供水成本，以及基于生态补偿的长效补水机制。刘晓红依据"恢复成本法"，通过对太湖流域的实地调查，定量评估了江苏吴江和浙江嘉兴跨行政区水污染补偿标准。

生态服务价值增益法，也可以称为生态效益替代法，是生态环境改善所增加的价值，是生态服务补偿的最大值。葛颜祥在分析生态补偿标准时指出，水源地生态供给者行为产生的效益包括经济效益和生态效益：经济效益主要根据所提供

的水资源量按不同的价格，配置到不同行业和地区，扣除输水成本及加工成本而带来的效益；生态效益的评定可以从水资源的生态服务功能入手，包括水资源的使用价值、选择价值和非使用价值三个层面。陈源泉和高旺盛采用生态足迹模型，指出国家宏观层面生态补偿量为 $EC = \sum_{i=1}^{n} R\left[|EF_i - A_i| \times \dfrac{ES_i}{A_i}\right]$，其中，$EC_i$ 是国家或地区的支付/获得的生态补偿量（元/年）；EF_i 是国家或地区的总生态足迹（公顷）；A_i 是国家或地区调整后的各类生态系统的总面积（公顷）；ES_i 是国家或地区的总生态系统服务价值（元/年）；R_i 是生态补偿系数。同样，章锦河等运用生态足迹模型，以旅游者与当地居民的生态足迹效率之差，确定合理的补偿水平。

成本估算法和生态服务价值增益法涵盖了资源的价值、地区发展的机会成本和资源管理成本等，照顾到了上游受限制地区的发展问题，从整个流域看，也提供给生态保护建设者对生态服务的投入激励，补偿具有流域可持续性，因此受到学者的普遍支持。但上述研究也表明，成本估算法和生态服务价值增益法的内容仍存在很大的争议。首先是机会成本，管理成本的衡量受地区经济差异限制，很难有统一的标准；其次，由于生态补偿范围难以完全准确计量，人口统计也不完全，使生态补偿的总量不准确；最后，在地方经济发展过程中，限制区的机会成本也在不断变化，这更增加了生态补偿的总量测量的难度。因此，这些方法本身还存在一些缺陷，根据这些理论以及相应的价值评估方法所得到的生态服务功能的货币价值还不能直接作为生态补偿的标准。

在实践中，由于地方财政的约束，生态补偿的管理部门更多地从可操作性、地方政府"能够补偿多少"执行补偿。而生态受益者的支付意愿和生态资源的市场价格是生态补偿管理机构通常考虑的问题。

支付意愿是流域下游地区为流域生态环境的改善所愿意支付的经济补偿量。它受下游生态环境的利益相关者的认识水平、与生态环境的密切程度、经济水平以及对流域生态治理预期等各类因素的影响。意愿价值评估法以消费者效用恒定的福利经济学理论为基础，构造生态环境物品的假想市场，通过调查获知消费者的支付意愿或受偿意愿来实现非市场物品的估值。张志强、赵军、钟全林采用条件价值评估法（CVM）分别对不同地区的生态系统服务的支付意愿进行了分析，计算了每户家庭最大支付意愿，赵军、钟全林还进一步对受访者个人社会经济变量与支付意愿进行了回归分析，对支付卡式（CVM）研究中导致支付意愿产生偏差的部分原因作了一定讨论。李莹在分析北京市居民为改善大气环境质量而付费的支付意愿时，指出收入和教育水平对支付意愿的影响为正，年龄和家庭人口数的影响为负。欧名豪等则运用生长曲线模型和恩格尔系数相结合，建立了区域生态重建的经济补偿模型，并运用这一模型确定各受益对象对生态重建的经济补偿的支付意愿，从而构建一套具有可操作性的区域生态重建的经济补偿方案。张翼飞等梳理了生态服务及其价值评估、支付意愿与补偿标准之间的理论联系，指出充分考虑利益主体的意愿是科学制定补偿标准的必要环节，意愿价值评估法的应用将增强我国生态补偿标准的科学性。

生态资源的市场价格是指生态补偿主体之间利用经济手段参与生态资源的市场产权交易，通过生态环境要素的市场价格反映其稀缺程度，从而实现生态资源的资本化。美国、哥斯达黎加、巴西等国的经验表明，政府提供补偿并不是提高生态效益的唯一途径，市场竞争机制也可以在生态效益补偿政策的实施过程中发挥重要的作用。从我国产权市场建设的情况看，市场补偿在运作初期，主要表现为在政府引导下的生态保护者与生态受益者之间自愿协商的补偿。陈钦和刘伟平从产权、信息和交易成本角度分析了生态补偿市场化条件，提出以虚拟的公益林生态产品进行市场交易的形式。朱蕾从政府补偿制度的设定和林业生态效益供给选择角度，建立了协调多林种补偿控制的生态效益优化方法，提出林业生产经营者经济收益和政府生态效益最大化的激励优化。

郑海霞比较了上述几种标准在金华江流域的差异，指出水资源作为自然资源的特征，只有使用才具有价值和经济价值；流域水权交易的市场价格为依据的补偿标准与下游水量与水质需求的补偿标准相近，建议建立反映环境成本的资源价格体系，保证政府宏观调控在流域生态服务补偿过程中的有效性，构建地方发展能力为主的多种补偿方式。本书认为，从目前我国经济社会发展情况看，完全的生态建设成本和效益补偿还很难实现：一方面，理论上生态补偿衡量标准的内容还存在很大争议，受多种因素影响，因此生态补偿金额变化很大，容易造成补偿主体之间相互扯皮；另一方面，我国生态补偿机制还不健全，对生态资源的产权界定还不明确，界定的成本也很高，完全的生态补偿涉及更多的利益冲突。从市场角度看，生态资源的交易主要由政府推动，政府以外的生态补偿建设者、受益者的参与还不完全，同时，各地经济发展和人口素质对生态补偿意愿有较大影响，短时间内还不能完全反映资源价值，还需要持续的环境保护教育和经济发展。因此，当前生态补偿标准确定需要以政府为主导，结合生态资源价值和生态受益者支付意愿，从而真正实现生态补偿的利益协调和生态环境保护的激励功能。

四、补偿方式

生态补偿方式涉及路径选择问题，通常包含两种类型的补偿方式：一类是"庇古税"形式的政府税收和补贴，旨在把私人收益/成本与社会收益/成本背离所引起的外部性影响进行内部化，其主要形式包括财政转移支付，差异性的区域补偿政策，生态环境税费制度、生态补偿基金等；另一类是资源产权交易的市场模式，强调在产权清晰界定的条件下，通过市场交易或自愿协商的方式完成生态效益外部补偿。从实践看，不同的补偿方式在不同的条件下和范围内具有不同的优势，需要根据生态补偿的不同范围，选择不同的补偿方式。王金龙将生态补偿按生态措施的影响强度和地理位置区分为强补偿型流域和弱补偿型流域，其中强补偿型流域是指生态工程建设对上下游水土保持及大气环境作用明显的流域；反之则是弱补偿型流域；他同时指出小流域都是补偿型强的流域，大中型流域补偿作用的强弱需要看流域内是否有水库等大中型工程和水土保持强弱。本书认为，生态补偿流域的类型直接影响生态补偿方式。一般而言，弱补偿型流域因为设计的流域面积很大，生态效益较弱，往往采取政府税收或补贴的补偿方式，而强补偿型流域因为流域面积小，产权相对清晰，生态效益明显，更有可能采取市场化补偿的形式。

徐望北从缩小区域差距、城乡差距、可持续发展和西部大开发的需要出发，提出应当从"两江"、黄河下游地区水价中征收生态补偿资金，在论证其可行性的基础上，建议西部生态环境补偿应按照"简化方式，折亩到人；以补定收，按需征集；长期管护，按年发放"的思路实施。孔凡斌在研究了森林生态价值补偿政策基础上，提出生态效益补偿资金可以采取财政预算和专款征收的方式，并比较了专款征收中生态资源税和收费制度的困难。李文华等认为和森林生态补偿应包括补偿基金完善阶段、补偿基金与生态税双轨并行阶段和生态税独立运行阶段三个阶段。孙新章等则提出了将我国生态补偿划分为优先补偿项目、重点补偿项目和拓展性补偿项目，制定科学的生态补偿优先序列，参考国际经验并结合中国实际，拓展多元化投融资机制，如开征一种有差别的生态环境建设税、培育和发展生态资本市场、发行生态彩票。王聪认为，只靠财政资金无法满足生态林建设的需要，BOT形式是筹措生态效益补偿资金的有效途径。

总体而言，目前我国生态补偿方式还比较单一，缺少良性的投融资机制。从补偿流域的类型看，上述都属于弱补偿型流域，生态补偿形式主要是以中央财政转移支付和专项基金为主的国家财政专项补偿，纵向转移支付占绝对主导地位。但对于强补偿型流域内，区域之间的，不同社会群体之间的横向转移支付很少。从委托—代理理论和现行补偿机制内部冲突视角看，政府主导型生态建设补偿机制存在突出的低效率特征，势必增加政府的财政负担，难以体现"谁受益，谁补偿"的原则，因此，区域内生态补偿的市场化将成为国家生态补偿机制建设的趋势。

陈瑞莲从保护流域生态环境，实现流域经济社会可持续发展视角，论述了流域区际生态补偿的准市场模式，指出在坚持"谁保护谁受益、谁受益谁付费"以及公平、公正的原则的前提下，建立健全流域区际民主协商机制、流域生态价值评估机制、补偿资金营运机制和流域区际经济合作机制等。万军对中国现行的生态补偿机制与政策进行了系统的评估，并从排污权交易、水资源交易模式和配额交易探讨了生态补偿的市场交易模式。吴晓青建议成立区际生态补偿征收管理机构和监督机构，管理机构通过生态补偿组织网络进行生态补偿金的分配，监督机构应及时磋商协调、化解矛盾，并监督参与生态补偿各方的行为，确保生态补偿活动顺利开展。王志凌认为，建立一个反映各地方政府意愿、能获得区域内各政府普遍认同、具有民主的治理结构的跨行政区域生态补偿协调管理机构是区域生态补偿机制能够真正建立的关键。在机构建设方面，设立负责日常联络和组织工作的秘书处以及根据专业、精简、高效的原则设立各种专业委员会和工作小组。

在机制方面建立权、职、责统一长效机制，并借鉴发达国家经验，赋予该组织立法权、行政权和财政权；其主要职能是协调跨行政区域生态补偿项目，制定有关区域生态建设规划及市场规则并监督执行。本书认为，建立跨行政区域生态环境协调管理机构和长效机制，是实现生态补偿公平、公正原则的基础，对促进生态补偿的市场化有重要推动作用。但跨行政区域生态环境协调管理机构涉及流域上下游各方利益，可以通过推动流域管理机构改革，在我国流域管理机构框架下，渐进地实现生态补偿跨区域的市场化交易。

上述研究表明，目前我国学者对生态补偿过程中管理者的组成还缺少深入的了解和分析，在涉及多个区域的弱生态补偿流域中，学者们更多地将中央政府或流域机构默认为生态补偿的管理者，生态补偿措施的制定缺少相关生态补偿主体的参与，而在属于生态补偿流域的跨界问题中，学者们提出了区际民主协商机制，但这种协商机制应当如何建立、它与流域管理机构关系怎样，很少有深入的研究。

从制度演化的角度看，任何制度的变革都会与群体的利益冲突密切相关，流域生态补偿协商机制的形成也是一个群体博弈的结果，因此如何在现行的政策框架内形成区域之间的协商机制还有待深入分析。

第四节　研究方法和技术路线

一、研究方法

本书借鉴了经济学、管理学和社会学等多个学科领域的研究方法，对区域水资源生态补偿的具体环节和过程进行了分析，具体研究方法包括以下方面：

（一）系统论的方法

系统论的研究方法就是把研究对象看作一个系统，运用系统论的原理和范畴，通过对系统与要素、要素与要素、系统与环境等内外各种关系的辩证分析，揭示研究对象的系统规律的一种科学方法。区域水资源生态补偿各个环节关注的要点差别很大，本书通过对跨区补偿的府际协调机制、补偿标准、资金使用和筹集以及监测服务机制的分析，形成了区域水资源生态补偿的整体分析构架。

（二）理论研究和实证分析相结合的方法

采用理论研究和实证分析相结合的方法，可以使分析更具有科学性和现实意义。在府际协调机制分析中，通过博弈模型分析，本书认为协调是一个过程，它是随着区域经济发展和人们对生态环境认识的不断深入逐渐形成的。在不同阶段，上下游府际协调形式是不同的，并根据学者对跨区合作方式的研究，本书提出了区域水资源生态补偿府际合作机制的建设方式。在水资源生态监测机制分析中，本书通过对现行监测服务机制的交易成本分析，借鉴其他技术服务市场的特点，提出了监测服务市场化的建议。

本书将府际协调合作理论引入区域水资源生态补偿机制建设，拓展了补偿主体的范围，加深了对府际协调参与中公众参与形态的认识，利用府际协调演化博弈证明，公众参与的区域水资源生态补偿才能推动区域生态环境可持续发展。同时，基于对现实体制的认识，提出了建立区域水资源生态补偿宏观和微观管理机制，对跨区域水资源生态补偿合作机制建设更具有现实意义。

（三）比较分析的方法

比较分析方法是管理学研究普遍采用的研究方法，作为管理学领域的一个选题，本书在具体分析过程中大量使用了比较分析的方法，将两个同类或相近的事物按同一法则对比分析，找出它们之间的异同。例如，在比较分析了各类补偿标准测算方法的特点和实施成本后，本书认为基于水质水量的补偿标准适用于水资源生态系统的新平衡状态阶段，后续应逐步建立区域水资源生态保护补偿模型；通过比较分析，本书指出了各类生态补偿资金使用和筹集方式的存在成本差异，指出了多样化的资金使用方式和筹集方式可以增强补偿机制的灵活性和适应性。

此外，本书还根据具体的研究问题采用了文献法、访谈法等多种研究方法。

二、技术路线

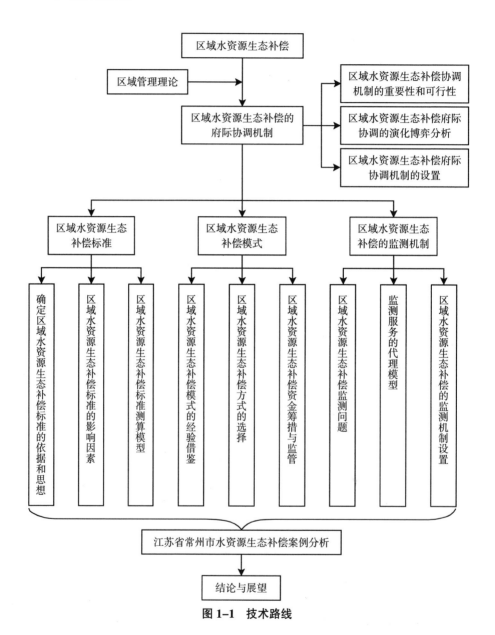

图 1-1　技术路线

第五节 结构安排和主要创新点

一、结构安排

本书以区域公共管理理论为视角，构建了区域水资源生态补偿府际协调的框架，通过对区域水资源补偿标准、补偿资金的使用和筹集以及水资源生态环境监测服务机制的研究，提出了促进区域水资源生态补偿机制建设的具体措施。

本书共八章，前两章主要是关于区域水资源生态补偿和区域管理的相关研究和理论分析。

第一章以目前我国水污染的现状和水污染仍延续末端治理的落后观念为背景，提出了区域水资源生态补偿的现实意义。通过对生态补偿概念辨析和其相关文献研究，提出本书的主要重点。第二章总结了区域管理中的府际关系和区域合作问题，以及区域生态补偿机制设置问题，明确府际协作机制在生态补偿过程中的重要性，指出对生态补偿过程各个环节中合作问题研究的内容。

第三章至第七章是本书的主干部分。第三章从总体上对区域水资源生态补偿的共享共建平台进行了分析。首先，本书对府际协调的内涵和特征进行了分析，论述了其在区域水资源生态补偿中的重要性和可行性。其次，本书运用演化博弈模型，分析了区域水资源生态补偿不同阶段的特点，证明了对生态建设和保护者的经济补偿是推动区域生态环境治理走向合作的重要手段，并进一步论述了区域水资源生态补偿府际协调机制建设的各类影响因素。最后，本书从系统性、全局性和公众参与等角度分析了目前生态补偿协调机制的一些问题，并以公共治理的理论和原则为基础，指出区域水资源生态补偿协调机制的设置构想。

第四章至第六章分别对区域水资源生态补偿各个环节进行了研究。第四章论述了区域水资源生态补偿标准的确定。首先，本书分析了生态补偿标准确定依据，指出区域水资源生态补偿的测算标准确定原则和遵循程序。其次，本书阐述了区域经济发展水平和生态环境压力对补偿标准影响，指出了生态补偿内容应适应不同的经济和生态水平的变化。区域水资源生态补偿标准也是各方利益相关群体相互协商的结果。最后，本书从补偿标准的动态性出发，指出基于区域水质水量的生态补偿是一种阶段补偿方式，主要适用于水资源生态系统演化的新平衡状态阶段。当上游行政区水资源生态环境逐渐恢复时，应逐步建立区域水资源生态保护补偿模型。同时，区域水资源生态补偿也可以采用基于"虚拟市场"的支付意愿模型。第五章从生态补偿资金使用和筹措方式方面，对区域水资源生态补偿模式进行了分析研究。在对国内和国外生态补偿方式案例分析的基础上，本书对生态补偿方式进行了分类梳理，分析了各类方式适用的条件，指出补偿方式的多样性可以大大增强补偿的适应性、灵活性和弹性。同时，鉴于实施成本问题，简单直接的补偿方式将节省谈判和交易的成本。现阶段区域水资源生态补偿应以货币补偿和项目补偿相结合的方式，并将政策补偿和智力补偿作为区域水资源生态补偿的长期任务进行建设。同样，多渠道、多层次的区域水资源生态补偿资金筹措方式解决了补偿资金的不足和缺乏灵活性等问题，提出了区域水资源生态补偿资金的监管建议。第六章分析了我国区域水资源生态监测机制存在的问题，指出水资源生态服务市场的主体和特征，通过区域水资源生态监测委托—代理模型，论述了政府与监测服务机构合谋将导致水资源生态监测服务质量下降，而公众监督可以改善监测服务质量。在运用交易成本理论分析区域水资源生态监测过程中各类主体的策略后，提出了区域水资源生态补偿监测机制设置的建议。

第七章对江苏省常州市水资源生态补偿试点进行了案例分析，提出了水资源生态补偿方案的运作和管理的建议。

第八章是总结与展望。本章将对前文的研究做出总结，阐明主要研究结论，此外也对本书研究中存在的一些局限进行说明，在此基础上指出未来需要进一步深入研究的问题。

二、主要创新点

本书的创新点包括以下几个方面：

（1）本书将府际协调合作理论引入区域水资源生态补偿机制建设，拓展了补偿主体的范围，加深了对府际协调参与中公众参与形态的认识，利用府际协调演化博弈证明，公众参与的区域水资源生态补偿才能推动区域生态环境可持续发展。基于对现实体制的认识，提出了建立区域水资源生态补偿宏观和微观管理机制，对使跨区域水资源生态补偿合作机制建设更具有现实意义。

（2）本书从政策过程角度，提出生态补偿标准是动态的，因此，基于区域水质量的生态补偿是一种阶段补偿方式，主要适用于区域水资源生态环境处于水资源生态系统演化的新平衡状态阶段。当上游水资源生态环境治理效果好转时，应逐步建立区域水资源生态保护补偿模型。

（3）本书提出了组建网络结构的区域水资源生态补偿资金使用和筹措渠道，补偿资金使用和筹措方法的多样性有利于增强补偿机制的灵活性和适应性。

（4）本书运用委托—代理模型，分析了政府与监测部门合谋、公众监督对区域水资源监测服务质量的影响，提出了环境监测市场化、转变环境管理职能，以及推进采取公众监督形式多样化的建议。

第二章　区域管理问题及其与生态补偿相关文献述评

第一节　区域管理问题研究述评

区域水资源问题的复杂性，一方面产生于水的流动性导致很难确定水资源的产权主体，从而产生"公地悲剧"问题；另一方面由于区域水资源纠纷涉及跨行政区的不同管理部门，这些部门之间缺少相互的沟通交流机制以及相应的跨行政区纠纷的决策权，需要更上一级的管理机构做出决策。因此，往往一件很小的区域水污染事件都会难以及时有效地解决，容易引发群众的不满情绪。从这个意义上说，建立区域管理的合作关系是有效解决区域水资源问题的基础。而由于我国的府际关系与区域管理之间存在结构性矛盾，建立区域合作关系将是长期发展的目标。如何达成区域合作关系，如何维系和运转区域合作需要分阶段、分步骤地进行，从学术上讲，我们需要对我国的府际关系与区域管理等相关理论进行梳理，以及政府之间、政府与企业、社团和公众合作关系如何建立、如何协调它们的资源冲突等进行深入的探讨。

一、区域管理与府际关系的概念辨析

区域管理研究中的"区域"，首先是一个客观的空间地理存在，是人类的任何生产、生活和管理活动的一定范围。经济学将区域理解为人的经济活动所造成

的、具有特定地域特征的经济社会综合体。陈瑞莲从公共管理学科的视角，认为区域是一个基于行政区划又超越于国家和行政区划的经济地理概念，因为国家和行政单元法定的疆域或边界，无法涵盖区域公共管理中"区域"概念的外延，同时国家和某一行政区域政府的"内部性"公共管理活动，在内涵上与"区域性"公共管理活动也并不完全吻合。乔耀章认为，区域是指基于行政区划又超出行政区划的带有"综合性"、"整合性"、"跨行政区划"的概念，是基于地理边界的性质的同质性领域，它可以越出法定的行政区划而包括两个以上行政层级或行政区划的联合、结合体。按照詹母士·米特尔曼"新区域主义"的分类，有宏观区域主义、次区域主义和微观区域主义三个不同层面，其中宏观区域是指洲际之内由民族国家结合各国的规则形成的组织联合体，比如"亚太经合组织"、"东盟"、"北美自由贸易区"、"欧盟"、"中东"等；次区域是指小范围的、被认可为一个单独经济区域的跨国界或跨境的多边经济合作，如"新—柔—廖成长三角"、"图们江地区的次区域经济合作"、"澜沧江—大湄公河地区的次区域经济合作"等；微观区域层次，则多指一国内部的出口加工区、工业园区或省际间、地区间的合作，如我国的"粤港澳大珠三角区域"、"长三角区域"、美国的"纳西河流域"等。从这个意义上讲，区域管理是指民族国家内部地方政府间跨行政区域的公共管理活动。

区域管理是经济全球化浪潮的推动，国际分工不断深化，各个区域之间相互依赖、相互渗透的程度不断加深的必然结果，也是为了因应和抵御区域内的恶性竞争导致的区域公共问题"霍布斯丛林"局面的有效回应和必然选择。从现行的政治体制看，由于缺乏各地方政府之间的合作关系，区域公共物品供给持续性不足、"诸侯经济"、地方保护等现象丛生。同时，由于信息不对称等原因，中央政府在协调区域冲突时也处于力不从心的状态，往往还需要借助地方政府的力量，造成区域公共问题持续滋生的恶性循环。而区域管理正是通过区域内政府间的合作和组织机制，加强区域内社会和经济发展互动的意识，最大限度地提高区域经济的发展水平。因此，为了有效地管理区域公共资源，提高区域经济发展的可持续发展能力，区域间政府应围绕建立府际间合作关系，探讨政府"应该做什么"和"怎么做"的问题。

府际关系的概念来源于美国 19 世纪 30 年代，联邦政府为应对经济危机，积极推行新政，迫切需要政府间的合作，以解决经济危机带来的许多社会问题，由此提出了府际关系的问题。在府际关系研究的初始阶段，美国府际关系参与者众多，依照总统、州政府官员、地方政府官员或一般民众（个别或集体）等不同观点，学者对府际关系的内涵彼此间观点颇多差异。如多麦尔在《管理地方政府的政府间关系》一书中分析了美国政府间的纵向与横向两种关系。他指出，纵向政府间关系其实就是两个体系的总和，"如果说政府间关系的纵向体系接近于一种命令与服从的等级结构，那么横向政府间关系则可以被设想为一种受竞争和协商的动力支配的对等权力的分割体系"。Anderson 认为，府际关系是联邦体系内所有类型与层级的政府单位彼此之间所发生的互动或活动的动态行为。Gage 指出，府际关系是一国之内各层级与各类型政府间决策制定与行政权力运作的一种互动关系。Wright 则认为，府际关系应包含政府单位和所有公职人员之间常态性的互动关系，不仅涉及互动者的态度与行为，而且包括这些态度、作为或不作为所造成的后果与影响。

从这些定义可以看出，府际关系在于探讨各级政府共同执行某种扩张功能的连接行为，其中包含多重的政府单位，以及在它们发展政策和追求共同目标的行为。府际关系中不仅包含中央对地方的控制，更强调垂直或水平层级各政府间彼此权力与利益的分享。在一个以管理资源流动为主的复杂互动环境中，府际关系强调中央与地方关系从单一服从转变到相互合作的伙伴关系，双方存在的控制与依赖的特性以及课责、妥协的关系，造成彼此各自拥有权力却又相互抗衡的微妙关系。此外，随着地方政府发展与寻求利益，通过地方政府之间水平的府际关系达到功能整合与资源共享，因此强调建立区域管理的合作关系。

Helen Sullivan 和 Chris Skelcher 分析了英国区域合作演进的原因，指出在政治层面上、操作层面上及财政层面上的因素是影响政府间区域合作的重要因素；欲促使区域问题能获得圆满解决，可以采用契约、伙伴关系及网络三种形态，利用可行的合作机制、协同发展组织甚至"公司治理"，增进其解决能力，以提供政府经营的重要发展途径。

二、区域管理与府际管理的关联性

随着我国经济的飞速发展,环境保护和经济可持续发展问题日益突出,亟须区域内各地方政府间协力处理,区域内各地方政府间必须借由资源和行动的整合,以发挥综合作用,提升地方竞争力。这种日益增强的地方政府间合作趋势,是我国地方政府适应区域经济一体化、转变政府职能、提高行政效率的举措与行为。戴维·卡梅伦认为,"现代生活的性质已经使政府间关系变得越来越重要。那种管辖范围应泾渭分明,部门之间'须水泼不进'的理论在 19 世纪或许还有些意义,如今显然已经过时了。不仅在经典联邦国家,管辖权之间的界限逐渐在模糊,政府间讨论、磋商、交流的需求在增长,就是在国家之内和国家之间,公共生活也表现出这种倾向,可唤作'多方治理'的政府间活动越来越重要了"。这种日渐兴起的"多方治理"的政府间活动,就是府际管理。

府际管理是由府际关系概念发展转变而成的,与府际关系重视决策者角色不同,府际管理主要关注政策执行中问题解决问题。Agranoff 认为,"府际管理"主要强调连接不同的政府单位,以实现特定政策目标的过程。因此,府际管理是以一种结合各种不同政府部门、政治与行政阶层以及公私组织的方式用以解决问题,并以管理方案与协商合作实现目标,府际管理的核心为解决问题与执行计划,尤其是特别强调"管理"为其核心价值。因此,府际管理强调多元化、冲突解决之手段的灵活巧妙和府际之间的协商与合作。

谢庆奎指出,府际关系具有范围广、动态性、人际性、执行性、应付性和协商性特征;中国政府之间特别是地方政府之间的关系已经发生了很大的变化,由单一性走向多样性,由垂直联系为主发展为横向联系为主;由于利益的驱动以及地区之间的差距和发展的不平衡性,地方政府之间、地区政府之间以及政府部门之间的横向联系蓬勃展开,西北集团、西南集团、华南—西南集团、上海经济区以及几个政府之间、企业之间的协商和合作正在加强,理顺府际关系对于缩小地区之间的差距,实现共同发展,以至于加速实现现代化,都有重要的作用。刘祖云从纵横两个截面解剖政府间复杂的关系,建立了政府间关系的"十字形博弈"框架,提出建立我国政府间伙伴关系的理念,认为我国府际治理机制就是"命令机制"、"利益机制"与"协商机制"三者的并存与整合，同时"论坛规则"也应该在我国政府间关系治理中发挥着越来越重要的作用。关晓丽认为，长期以来，我国府际关系颇具"零和色彩"，始终不能摆脱权力收放循环的怪圈，并探讨了府际关系正和互动的路径选择。张明军则认为，地方政府间关系是当前府际关系的重要内容，竞争与合作关系是府际关系的两个关键维度；市场机制和科层制在协调政府间关系时具有积极的效应，但却存在着"市场失灵"和"科层制失灵"的两难管理困境；运用"府际治理"理论来协调地方政府关系，是解决两难困境的正确选择。陈国权以金华—义乌府际关系的典型案例，从经济关系、行政关系和治理关系三维框架剖析了传统府际关系的矛盾冲突，指出合理的经济关系必须符合市场经济规律的客观要求，它不仅仅是单向的辐射关系，而且更是双向的对流关系；科学的行政关系必须回应权力运行的规则，它不是单一的行政管辖，而是双方的权力互动；和谐的治理关系必须基于社会发展的规律，它不是单边的各自为政，而是双边的利益共生，唯其如此，地方府际关系才能从根本上实现长效的制度安排。

巴达奇（Bardach E.）认为，府际关系为节制各级政府间竞争与解决政府间冲突的主要机制，其运作意涵包括市场、博弈和联盟等概念，其能建立一种成长联盟关系；而府际管理则是运用冲突解决的策略，经由议价和协商的应用过程。显而易见，这里的府际管理着重强调积极实现及提供解决冲突的方法与技术，希望各级政府间许多冲突与困难得以共同合力解决。Agranoff 认为，府际管理包含三种特征：以问题解决为焦点，被视为一种行动导向的过程；地方政府间被视为互相依赖和伙伴关系，而非竞争对手；府际治理注重联系、沟通以及网络发展的重要性，它强调政府间在信息、共同分享、共同规划、一致经营等方面的协力合作。

上述研究表明，加强府际之间的协力合作，建立权力互依与资源互享的府际间伙伴关系，有效减低区域问题造成的协调和冲突成本，通过区域府际合作使区域公共管理问题获得最佳的解决途径，已经成为学者们的共识。不过，我国学者虽然认识到了府际管理在区域管理中的重要性和相关性，但对府际管理是通过哪些途径影响区域发展的问题还缺乏研究深度，而这对于区域内发展主体的沟通与合作有重要作用。

三、区域合作机制与府际管理分析

(一) 区域合作机制中的府际管理理论

科斯的交易成本理论提醒我们："官僚组织的运作是有成本的。"很多时候，我们大谈政府应该做些什么的时刻，会不自觉地置身于交易成本为零的世界中，这种偏差，使我们不是对政府功能的期望过高，就是对公共资源运用的限制无知。当政府运作的成本超过设置该公共组织以改善公共事务所得的利益时，我们有理由质疑，我们需要什么样的政府，以此改变政策执行方法，提高政府公共管理的绩效。政府管理者基于追求工作产出极大的原则，有必要了解什么是适当的府际关系协调成本，并从组织变革与管理技巧两种途径，寻找有效的行为准则，以追求社会资源的最有效利用。在现有体制的限制与机会之下，管理者通过政府再造运动，降低协调与冲突成本，并以区域政府管理的知识与技能，推动资源管理的效率。

由于区域政府间彼此需求的利益较为一致，因此较有意愿合作、发展，使区域管理成为府际关系上的新趋势，更是概念与范围的扩大延伸。区域管理其运作主体不局限于各级政府之间，如美国学者加里·马克斯在《欧盟的结构政策和多层治理》一文中提出了"多层治理"（Multi-level Governance）的概念，用来描述"跨国家组织、欧盟、国家、地区和地方政府之间的持续谈判体系"。1996 年，加里·马克斯进一步将"多层治理"概念描述为"隶属于不同层级的政府单位之间的合作，而不是形成科层关系"。20 世纪 70 年代以来，"网络治理"相对于科层结构和正式的契约关系，被用于描述以系统化和非正式社会系统为特征的组织间的协调，并逐渐成为一种治理理论。张紧跟认为，所谓组织间网络是指"一些相关的组织之间由于长期的相互联系和相互作用而形成的一种相对比较稳定的合作结构形态，这样组织群就可以通过集体决策、联合行动来生产产品或服务，以便更迅速地适应不断变化的技术和市场环境，并提高自身竞争力。这里所讲的组织可以是单个的公司、企业、私人志愿者组织或政府机构"。在网络治理模式下，政府只是其中的一个主体，它与地区组织、其他层级的政府、企业和公民社会等形成一种相互影响的"多边关系"。在这种关系之下，公共管理者并不只面对一个组织或单位，而是置身于众多的横向与纵向组织网络当中（O'Toole，1988）。在区域管理中，主体之间的结构安排将决定不同主体在模式中所处的位置和所获得的权力，包括利益诉求、意志表达、影响力等多个方面，而横向地方政府间关系和地方政府与非政府的社会主体之间的结构安排对整个区域的治理具有关键性作用。

（二）区域府际合作机制

区域管理是某一特定区域内不同利益主体单位的合作。李嘉图认为，资源稀缺性的约束造就了区域之间利益矛盾或冲突的一面，但同时也迫使它们必须相互依赖才能在资源稀缺的约束下使享受得到增进。这一点似乎也是人类的"本性"，相互依赖的本性与利己的本性存在逻辑的关联，但相互依赖的"本性"能否得到充分的显现是需要条件的，这个条件是要有使相互依赖得以实现的"秩序"。所谓"秩序"就是一种制度安排，它包括特定的经济体制及相关法律和政策所规定的一系列行为规范，它所涵盖的主要内容是对一种权利的界定及交易，以及相应的组织形式的设计，亦即促成区域之间实现合作的约束及激励机制。美国地方政府之间对区域性的问题采取协力合作的管理模式包括非正式合作、府际服务契约、合力协议模式、正式或非正式的组织协力、区域政府联盟、城市联邦制、市与县合作制、兼并、区域性特区及公共管理局、外包、境外管辖权等。

对于中国地方政府之间的竞争与合作机制的研究，大多数学者都集中于从地方政府竞争、区域壁垒、深层次的制度角度以及地方政府官员的晋升激励方面展开，从而论证区域内地方政府选择合作策略的重要性。周黎安认为，中国地方官员之所以有动力促进地方的经济增长，地方官员的晋升以及中央政府和地方政府财政包干合同中的留存比例两个因素起到了关键性的作用。林毅夫认为，地方政府竞争对区域经济增长具有重要的作用，在经济转型中有利于弥补制度供给的不足。中央政府的财政包干改革不断深化，对地方政府推动地方经济发展也起到了积极的作用，但是这种行政性分权和财政包干对中国形成"诸侯经济"也有着负面的影响。蔡岚从集体行动的难题、区域利益冲突的"囚徒博弈"、区域共享资源的"公地悲剧"、府际间信息沟通机制缺失四个角度论述了区域政府之间的合作进程中遇到的问题。高伟生等将任期限制与政绩要求纳入区域内地方政府的博弈分析，指出任期限制与政绩要求是导致区域经济体内各地方政府不合作的根本原因；在取消任期限制与政绩要求不现实的情况下，以合约的形式约束地方政府，能够有效地避免竞争、促进合作，提高区域经济体的整体利益。龙朝双从动力机理的角度出发，把影响我国地方政府间合作的因素（力量）分为引力、压力、推力和阻力，并分析了各种力的来源和作用方式，构建了我国地方政府间合作的动力机制 APT-R 模型，指出我国地方政府间合作机制是这些因素共同博弈的结果。学者从不同视角，分析了区域合作中的障碍，这些研究对充分认识区域经济发展和公共治理过程中的合作有非常重要的推动作用。

(三) 区域府际合作方式

付永认为，区域经济合作本质上是一系列正式规则、非正式规则和实施机制的统一，我国区域经济合作要重视区域经济合作方面的专门性法律的建设，并加强区域合作实施机制的建设，建立有序的区域经济竞争与合作秩序；同时，必须依靠市场机制巩固区域合作的微观基础，降低区域间政府参与区域合作的经营成本和阻滞成本，从而不断拓展我国区域经济合作的广度和范围，实现国内统一市场建设的目标。杨逢珉借鉴欧盟区域治理的经验，认为区域经济合作，客观上需要有一套紧密的制度性组织机构为各成员提供一个经常性的谈判和仲裁场所。长三角地区为实现一体化的目标，也可以尝试成立一个在中央政府协调下的跨行政区的协调管理机构，加强区内协调和区外合作与发展。同时，长三角通过建立以产业、资源和地域为特征的区域协调发展基金或者通过制定区域政策所进行的利益协调，可以避开人为分割市场的行政地域划界，从而通过共同权力干预资源配置，进行全局和整体整合。王川兰认为，应遵循公共行政体系的内在逻辑秩序与成长规律，改变固有的"中央—地方"二分的行政结构框架，实现向"中央—区域—地方"复合型结构范式的转换，构建如区域项目式合作、区域治理、区域行政专区、区域经济协作区等区域合作行政的制度与模式，推进区域合作组织的创新与效能。徐传谌认为，地方政府间的合作既可以达到追求个人利益最大化的目标，同时也能满足区域内公共物品的提供，地方政府倾向于自发性合作；在交易费用过高以及信息不对称的条件下，地方政府也可以通过中央政府的支持与鼓励政策实现诱导性合作。李文星认为，地方政府间合作治理已成为各国政府行政改革的共同趋势之一，也成为了我国区域协调发展和政府公共管理的一条重要途径，只要通过科学合理的制度安排来保证合作各方的信息畅通和利益实现，即构建科学的组织体系、公平的利益分配机制和完善的法律保障体系，各地方政府就会提高跨区域合作的意识和愿望，就会主动地通过这种途径来寻求区域发展中共同问题的解决。这些研究都充分肯定了府际合作在区域经济发展和公共事务管理中的重要作用，并一致认为建设区域协调机制是区域合作的必要手段，但对建立跨行政区的协调管理机构问题，学者多持迟疑态度，一方面肯定这类机构的作用，另一方面又因为这类机构的设置难度而含糊其辞。

本书认为，建立跨行政区的区域合作机构，不仅将受到区域内行政机构的抵制，也增加了区域管理的层级，减缓国家对区域公共问题的反应速度，而区域行政机构的不断强大对中央政府也是一个挑战，其管理成本将远远超过带来的区域合作收益。同时，上述研究也忽视了政府之外的企业、民间组织和群众在区域合作过程中的作用。陈剩勇提出，构建区域政府合作机制必须要有良好的制度环境、建立区域协调管理委员会、跨行政区的协调管理机构和各类半官方及民间的跨地区的民间组织，在此基础上完善的区域合作规则。肖建华在研究环境公共事务中，提出建立多中心合作治理模式，简化政府环境管制、构筑公众参与的基础、推行环境管理的地方化及区域合作、建立政府与企业的合作伙伴关系。何水认为，中国公共管理制度创新的主体是一个多元系统，内含人民群众、中国共产党、政府以及非政府公共组织4个层面，中国公共管理制度创新正是其多元主体互动与合作的产物，是各主体"合力"作用的结果。本书认为，这些学者的研究说明，区域管理应当是多主体、多中心的合作机制，是一个多主体参与的沟通、谈判机制，这种机制不具有行政命令的权力，双方的行动更多是由协议约束。

在实现区域合作的方式研究上，钱德勒利用对英国府际关系与区域管理的研究，指出英国主要是采取下列的方式：①成立政府内部部门之间委员会，在与外部团体进行合作之时，政府内部必须要有相关整合与配合的机制。②设立地方政府协会。③成立中央与地方政府论坛。④成立全国地方公务人员专业协会。⑤鼓励设立各种组织，促进政府间加强特定政策与行动的协调。⑥通过地区性与全国性政党会议形态，促进中央政府与各地方政府，以及民间团体的合作发展。克里斯坦森（K. S. Christensen）认为区域合作方式主要包括：①信息交换；②共同学习；③相互审查、评论；④联合规划；⑤共同筹措财源；⑥联合行动；⑦联合开发；⑧合并经营等。沃克（D. B. Walker）更是从政府、部门之间的合作协议，跨区域的政府管理机构，志愿者和区域团体，平衡基金等方面统计了研究者在区域合作模式上的 25 种合作方式。此外，另有学者主张在区域政策规划与执行过程，应建立以政策对话（Policy Dialogue）为基础的协力关系，特别是对于各个地方政府而言，尽管彼此利益不同，但在面对彼此共同的问题时，仍能找出资源及利益共享的互赖关系，达到互惠、互信、学习与创新的目标。

上述研究表明，在区域府际合作过程中，地方政府、民间团体及群众之间处于不同的社会层级，多样化的合作方式目的是因应区域合作的复杂性和广泛性，整合区域不同群体的各项资源，通过合作伙伴关系，提高区域公共资源治理效率的目的。因此，社会层级不同的利益群体如何能够在平等的基础上参与区域府际合作是一个比较关键的问题，它们决策权限的大小由什么决定，以及随之带来的组织间的信任和纠纷协调机制，这些都是区域府际合作中需要面对的问题，还需要深入研究。

第二节　区域水资源生态补偿机制研究述评

2007 年 9 月，国家环保部公布了《关于开展生态补偿试点工作的指导意见》，这是环保总局首次对开展生态补偿试点发布指导性文件。文件指出，流域水环境保护将是我国四个开展生态补偿试点的领域之一。学者的研究也主要集中在流域水资源生态补偿机制问题上。但从各地区生态补偿试点工作的情况看，鉴于流域生态补偿的复杂性，区域水资源生态补偿试点是近年来流域生态补偿的重点。而区域水资源生态补偿作为流域水环境生态补偿的基础，其制度障碍一旦有所突破，流域水资源生态补偿也将全面顺利展开。

一、区域生态补偿的管理结构问题

生态补偿制度要实现环境外部成本在区域当中的内部化，必然要求有效的协调机制，以决定区域生态补偿的责任主体的确定、资金的来源、财政的转移支付等，因此，区域生态补偿机制一级政府或某单个部门的努力很难完成，迫切需要较高层次的协调。从研究情况看，大多数学者从政府和市场两个角度分析了生态补偿的协调机制。

郑海霞等对金华江流域生态服务补偿机制进行了剖析，认为金华江流域生态服务以"水权交易和异地开发"相结合的补偿模式，是市场与政府共同推动的结果。其中，市场在流域环境保护与补偿政策实施过程中起到了关键作用，而以政府推动为主的"异地开发"模式，流域补偿与保护的关系脱节。虞锡君从太湖流域生态补偿实践出发，认为邻域双向经济补偿制度是邻域水生态补偿机制的重心，这一制度包括：①明确该机制的设计和管理机构是具有权威性的流域水环境管理委员会，由相关行政区政府、上级政府环保部门领导成员组成，下设办公室具体操作。②由管理委员会根据国家水污染防治要求和流域实际，分别制定当年及规划期内跨省、跨市、跨县河流交接断面水质控制目标，核定各行政区出入境水质的允许差值。韩东娥以汾河流域为例，建议由省政府成立一个权威的汾河流域管理委员会，代表政府具体协调管理汾河流域的生态补偿问题，汾河流域管理委员会的职能为：强化流域水环境功能管理；科学确定流域生态补偿的责任，搭建上、中、下游生态环境保护协商平台，建立跨行政区域流域保护仲裁制度；综合协调流域上、中、下游各市县的关系。刘桂环等从京津冀北流域生态保护面临的难题分析入手，借鉴国际流域生态补偿的经验，认为就京津冀北地区而言，更多地要从政府介入的层面探讨其生态补偿的机制，首先建立流域水权交易政策，其次探索"流域水质水量协议"，再次做好利益转移估算，最后开展流域"异地开发"实践。

从实践研究出发，这些学者对政府主导下的生态补偿市场机制持积极的态度，同时学者基本肯定了流域管理委员会等流域机构在生态补偿中的作用，认为由流域管理委员会组织协调下建立区域之间生态环境保护协商平台，通过区域之间的水资源协议，达成流域生态补偿。陈瑞莲通过理论分析，指出流域资源优化配置的市场化模式、流域生态建设税和流域区际生态补偿的准市场模式各自优缺点，认为流域区际产权市场的建立有赖于合理的生态资源产权的初次分配，有赖于科学的生态资源价格的测量和确定以及跨区生态资源产权交易市场的形成等，技术性要求较高，在我国现阶段难以广泛推行；我国目前的税制改革还没有将新设生态环境税提上议程，加之税收本身的性质决定了未必能够专款专用于区域性流域生态保护，因此生态建设税短时间内难以解决区域性的流域生态交换补偿问题；相比之下，流域区际进行民主协商，采取横向转移支付的方式，可以大大降低组织成本、提高运行效率，因此，准市场模式是现阶段我国具有可行性、可操作性和普遍适用性的流域区际生态补偿模式。

中国科学院地理科学与资源研究所李文华建议，在国务院下设由相关部委组成的国家生态补偿管理委员会或领导小组，行使生态补偿工作的协调、监督、仲裁、奖惩等相关事宜。他表示，自由协商往往难以达成协议，需要国家在法规和政策层面上提供协商与仲裁机制，条件成熟时国务院下设生态补偿委员会，负责国家层面上生态补偿的协调管理，促进利益相关者通过有限次的协商达成补偿协议。中国环境与发展国际合作委员会认为流域生态补偿，在一级环保部门的协调下，按照各流域水环境功能区划的要求，建立流域环境协议，明确流域在各行政交界断面的水质要求，按水质情况确定补偿或赔偿的额度。这些学者从全国的范围内，考虑到各地生态补偿的条件和操作难度，更多地趋向于政府在生态补偿中扮演更重要的角色。张惠远从流域地理尺度指出，小尺度流域适宜一对一的市场补偿，大尺度流域需要由政府主导完成，流域上一级政府作为流域这一"公共物品"的买方或中间人，负责协调流域上下游之间的利益关系，为上下游流域生态保护搭建协商平台。

应该说，生态补偿是一个系统的工程，特别是在更广的范围内实行生态补偿，在水资源的产权很难准确界定的情况下，政府在流域水资源生态补偿过程中的作用非常关键，一方面，政府主导下的生态补偿可以极大地减少产权界定的成本；另一方面，政府可以运用其行政权力，有效组织各级政府部门参与生态补偿协调平台的建设。但上述研究主要是从政府各个层级之间的关系对生态补偿的宏观协调机制进行的分析，只是初步提出了生态补偿协调机制的初步框架。实际上，从区域府际关系看，水资源生态补偿在实施过程中，需要许多不同部门的共同参与，如环保部门、水利部门、财政部门等，只有依靠这些部门的共同协作，生态补偿才能顺利开展。同时，这些部门在水资源生态补偿过程中的地位和作用是不同的，它们之间存在合作与博弈的双重关系。因此，深入分析这些部门之间的协调关系对区域水资源生态补偿机制建设具有非常重要的意义。

二、区域水资源生态价值评估问题

在第一章中，本书已经详细论述了学者对生态补偿标准确定的方法，在此无须再做过多赘述。实际上，在区域水资源生态补偿过程中，还要具体涉及区域水资源的生态价值评估问题，因为区域总体水资源量的多少关系到标准的确定和上下游区域利益群体的博弈。

区域水资源生态价值评估直接影响区域生态补偿资金的数量和上游地区提供的水资源数量和质量，因此如何衡量水资源价值，成为学者关注的研究课题。Gren 等利用污染物降解、洪水调节等 5 类间接经济价值，对欧洲多瑙河流域生态系统服务价值进行了评估。Dixon 讨论了英国某流域土壤和沉积物保持的价值评价及其对流域环境管理的指导作用。Pattanayak 也评价了印度尼西亚 Manggarai 流域减轻旱灾的价值，并着重对其 3 步评价方法进行了具体讨论。Loomis 则对美国 Platte River 河流生态系统总经济价值进行了评价。

国内学者中采用影子价格对各流域水资源价值进行测算比较普遍。如朱九龙等根据淮河的实际情况，将其分为 5 个河段，通过建立和求解淮河流域水资源优化配置模型，得到各河段不同用水部门的水资源影子价格，即水资源的理论价值，为规范淮河水资源价值水平提供了参考依据。毛春梅和袁汝华从黄河全流域水资源优化配置角度出发，以利用水资源获得最大经济效益为目标，采用影子价格法测算了黄河流域不同河段、不同部门水资源费的征收标准。

水资源边际效益是学者研究区域水资源价值的又一种方法，研究者利用边际效益和成本测算了区域各地水资源利用的效率，并建立适当的模型对区域水资源的优化配置进行了探讨。龙爱华等则基于边际效益递减和边际成本递增原理，运用水资源利用的边际效益空间动态优化方法，研究了黑河中游张掖地区调水后启动分水的时序和数量，阐述了净边际效益的求解过程和处理方法，结果表明，当调入水量 $W \geqslant 1.1905 \times 108t$ 时，相关县市的分水情况不同。邵东国等则提出了水资源净效益的新概念及内涵。从生态环境保护、水权转让、利益补偿、水价形成和集中控制等方面探讨了基于水资源净效益思想的水资源配置机制，确立了包括生存条件、承载能力、用水公平性和可持续性约束的水资源开发利用约束准则。构建了基于水资源净效益最大化的水资源优化配置模型，并对郑州市郑东新区龙子湖地区水资源优化配置进行了实证分析。耿福明等同样基于水资源净效益最大化的水资源优化配置思想，对南水北调受益区 2010 年丰水年份、枯水年份的水资源量在经济效益最大化的条件下进行优化配置。

水资源价值是一个复杂且关系模糊的系统，在这个系统中，自然、社会、经济等因素相互影响、相互作用、相互耦合，它们之间关系是不清晰的，或不能完全确定的。常规的数学模型要精确化这种价值非常困难，因此模糊数学成为近年来水资源价值评价新方法。彭晓明在综述国内外水资源价值评价研究的基础上，提出建立模糊 4 灰色关联分析复合的水资源价值模型，并用其对北京地区的水资源价格进行了计算分析，结果表明，北京市目前各类现行水价均低于其计算所得的实际价值。林佩凤对传统模糊数学方法运用于水资源价值评价中一些不合理的地方进行了改进，赋予水资源价格上限新的定义，从而得到一组不同于传统的价格向量，并将其应用于福州市山仔水库水资源价值损失评价中，结果表明山仔水库六年来的水资源价值损失变化趋势逐年减少，表明近年来政府采取了有效控制措施。

上述研究表明，在区域内部，各行政区经济、社会发展状况不同，各地在水资源利用的效率方面存在差异，因此在全区域内空间范围内实现水资源的优化配置，不仅是国家经济发展的需要，也是生态环境保护的需要。从生态环境效益最大化的角度看，区域水资源生态补偿需要合理、经济地划分各个不同生态功能区划，最大限度地实现生态补偿标准在区域不同利益群体间的认可。

同时，水资源生态价值的衡量还需要考虑谁来做出价值评估的问题和评估机制的设置问题，但从当前的研究看，学者的研究主要集中在水资源的价值衡量问题，将专家和政府相关部门默认为区域水资源生态价值评估的主要决策者，对普通公众如何参与水资源生态价值评估还缺少必要的重视。

三、区域水资源生态补偿资金营运问题

区域水资源生态补偿资金的营运问题，也是学者比较关心的问题。从生态补偿的原则看，生态补偿需要有一个专门从事补偿资金管理和营运的部门或机构，向环境服务的受益者征收费用，由管理基金（通常是专项基金）管理，再通过支付机制分配给服务提供者，如图 2-1 所示。

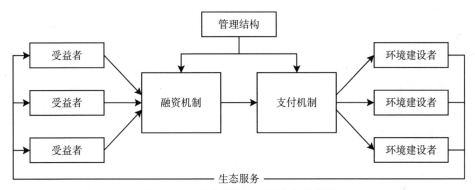

图 2-1 生态有偿服务系统中的补偿流

资料来源：Pagiola S., Platais G. Payments for Environmental Services：From Theory to Practice ［M］. The World Bank，Washington D.C.，2007.

生态补偿支付保证了生态环境服务的持续性，从长远来说，也让生态服务的受益者获得了长期的经济收益。从图 2-1 可以发现，促使资金转移的机构安排对任何生态有偿服务的成功都至关重要，因此，如何从生态服务受益者中筹集资金并转移给服务提供者，还需要深入探讨。

从各地的实践看，建立生态补偿的专项基金是生态补偿资金管理比较普遍的做法。如浙江在生态公益林补偿方面，2004 年 5 月，浙江省人大常委会修订通过的《浙江省森林管理条例》，对公益林、公益林森林生态效益补偿和设立森林生态效益补偿基金制度做出了明确的规定，浙江省各级地方政府都把重点生态公益林补偿基金纳入当地政府财政预算，并制定了相应的资金管理办法，建立起地方补偿基金制度，并委托有条件的银行，开设补偿对象的专用账户，每年于国家

和浙江省补助资金到位后的一个月内与县补偿基金一并拨付至补偿对象专用账户内。胡仪元提出生态补偿资金筹集的五种方式，指出由财政拨款建立生态保护与污染治理的专项基金，拨付的多少可以根据生态资源对国民经济贡献的大小从国民收入中按相应比例提取。宋文献则提出建立绿色基金制度，其资金或来源于对造成污染的企业的行政罚款，或来自国际和国内对于环保的捐助等，绿色基金的用途主要是资助企业用于削减污染的投资和兴修环境基础设施。但调查显示，一方面，受地方经济影响，一些经济欠发达地区配套补偿资金筹集工作有一定的难度；另一方面，由于产权不清晰，补偿资金的发放管理存在按人头平均发放的现象。

在补偿资金的筹集上，当前补偿资金大部分源自于地方财政收入，根据各行政区的人口、GDP 总值、财政规模等因素综合确定拨付比例，并保证补偿资金能够不断按照这一比例得到及时补充，以此约束相关地区的生态建设和补偿责任。各地可以通过排污费、资源费等向区域水资源用户（企业、居民、行业）征收生态补偿资金。

在生态补偿资金使用上，除了上述研究中所讲的按户头直接发放到生态建设者个人外，还包括支持生态建设区域的建设项目，如用于涵养水源、环境污染综合整治、农业非点源污染治理、城镇污水处理设施建设、修建水利设施等方面的项目，增加上游地区的就业，改善当地经济发展条件。

上述研究表明，当前我国生态补偿资金的筹集渠道比较单一，补偿资金较少，对生态环境建设和保护的激励不是很明显；同时学者虽然提出了在各地生态补偿的使用上，采取生态项目建设或基础设施建设，发挥生态补偿资金对欠发达地区的"造血"功能等方面的建议，但如何有效监督资金的运营还缺乏必要的研究。

第三节　本章小结

　　本章节总结了区域管理中的府际关系和区域合作问题，以及区域生态补偿机制设置问题。本书认为，鉴于区域水资源产权界定难度和生态服务在区域空间范围难以得到准确测量，区域生态补偿机制在一段时间内将以政府主导下的准市场模式为主要特征，因此区域府际之间的协作机制在生态补偿过程中占据了重要位置。府际管理不仅包含纵向和横向的政府间的协作，而且包含政府部门以及企业、社团和公众之间的沟通和合作，目前生态补偿虽然也提出了建立生态补偿的区域合作机制，但研究仍停留在宏观层面，缺少对生态补偿过程中具体部门之间博弈关系的研究。实际上，区域生态补偿机制设置需要考虑管理成本、效率、激励相容、分配和公平问题，以及生态补偿机制设置的可行性和灵活性等问题，缺少对各个层级政府部门、企业、社团和公众等相关利益群体在生态补偿过程中的地位和合作意愿等方面的研究，势必限制区域生态补偿问题研究的深入。

第三章　区域水资源生态补偿的府际协调机制

在区域水资源生态补偿过程中，以完全私有化或集权化作为解决水资源分配利用和污染治理的方案均证明是失败的。市场机制实现资源有效配置是有条件的，这些条件包括市场的完全竞争性、完善的产权制度，以及完全信息、体现价值的市场价格体系等，而现实中这些条件往往难以完全具备。通过市场方式提供环境保护的困难在于容易产生"搭便车"问题和"外部性"问题，从而产生"市场失灵"。政府直接管制同样也面临管制者与管制对象存在信息不对称所造成的管制成本居高不下，甚至管制失效的问题。

水资源具有不同的空间和时间属性，社会对水资源的数量和质量要求越来越高，因此区域水资源生态补偿需要采取多元主体、多种制度安排的治理形式。协调（coordination）不仅为公共事务治理的重要元素之一，同时也是府际关系运作的核心议题。过去 30 多年来，组织理论、公共政策乃至于府际关系的文献，协调经常被视为响应府际间计划执行问题的一剂有效处方。

第一节　区域水资源生态补偿协调机制的
重要性和可行性

一、府际协调的内涵和特征

（一）府际协调的内涵

在公共事务治理中，传统理论局限于组织内部控制的观点，一般将协调假定是基于合法性权威，或通过正式的层级节制体系完成。但区域公共事务往往涉及许多各自拥有不同偏好的参与者，各级政府的组织结构也经常呈现片断化和松散组合，它们的权力形态是分散且不对称的，所以过度依赖正式权威或层级节制的整合，会造成府际间公共事务政策执行的困难、拖延和高度不确定等问题。Rosenthal 指出，府际间的管理是一种间接过程（Indirect Process），由于缺乏明确的层级节制体系为基础，因此传统的阶层管理技术已经无法适用。同时，过多的执行机关和决策程序造成公共政策执行的延误。因此，以府际协调为特点的区域水资源管理成为近年来学者讨论的热点议题。

Seidman 和 Gilmour 认为，协调不仅是一种过程，同时也是一种目标；是将许多不同成分的行为，组合成一种和谐关系来支持共同目标的实现。早期的研究通常将协调活动视为组织内部的控制活动，着重于探讨如何整合或联结组织内不同的部门，以完成组织目标。其后，随着环境的日趋复杂化与专业化，组织与组织之间相互依赖程度提高，加强组织间协调逐渐成为新兴的管理思潮。最早如 Hall 等研究了"社会服务传送的组织间协调"；O'Toole 和 Montjoy 探讨了"组织间政策执行"；Rogers 的"组织间协调：理论、研究、与执行"。这些研究一般侧重了解多元组织之间如何处理环境中的不确定因素。

组织间协调是指两个或两个以上的组织使用相关的决策规则，以响应工作环境挑战的一种过程。从府际观点分析，府际间协调就是两个或两个层级以上的政府和各类组织等，为实现共同目标所进行的相互调适过程。协调的宗旨在于有效整合行为主体的行动，避免因多元参与者各自为政，造成主体间相互掣肘的困境。对区域府际关系而言，府际间协调是一种政府、社会组织以及企业等互动形态的表现，是为实现区域经济、社会发展目的而取得参与互动主体之间的合作行为。

府际协调概念的提出适应了区域公共事务治理发展的需求，从区域整体角度，对经济、社会、环境发展提出了更高的要求。府际协调不仅强调区域公共事务治理的整体绩效，而且强调政府、社会组织、企业以及公民之间的沟通与协调，只有仰赖许多水平机关、非营利组织、企业和公民之间的密切配合，才能顺利实现区域性公共事务治理的政策目标。

（二）府际协调的特征

区域水资源生态补偿过程中的府际协调，需要政府之间的相互协作，通过政府之间的资源交流，实现各级政府的政策目标。在区域水资源生态补偿中，信息的不完全和责权的限制，单独依靠某级行政部门无法实现整个区域水资源的监测、补偿标准的确定和补偿的实施，所以不同层级的政府部门和相关机构的相互协调和合作，是实现区域水资源生态补偿的关键环节。另外，区域水资源生态补偿的府际协调还包括非政府组织、企业和公众的积极参与，通过公民、非政府组织与政府间的对话与沟通，共同寻求问题的解决方式，以降低区域水资源生态补偿过程中的腐败、特殊利益团体以及对政府的俘获的威胁。因此，府际协调具有以下几个特点：

（1）府际协调是以问题解决为行动导向的过程，协调过程包含多方的协作和冲突，允许参与主体在一定的规则内采取必要的手段，以推动各项具有建设性工作。

（2）府际协调既是区域公共管理的工具，也是推动区域组织变迁的理论导向。府际协调可以解释不同层级的政府之间，如何以及为何用特定的方式进行互动，并可提供各方采取有效策略行为的建议。

（3）府际协调强调各方之间的联系、沟通以及网络发展的重要性，这些途径是促进区域水资源生态补偿得以顺利实施的正面因素。

通过对府际协调特征的把握，我们可以有效地分析：区域水资源生态补偿机制建设过程受到哪些因素的影响，各种协调途径是什么，在权力和地位不等的情况下，不同层级的政府机关、非政府组织、企业和公众之间，如何才能顺利取得参与者的协调合作？

二、区域水资源生态补偿府际协调机制的重要性

（一）府际协调是解决区域地方保护的要求

从生态的角度看，区域表现出生态系统的整体性特征，区域内生态物种、资源与环境的关联极为密切，特别是上下游之间功能互补特点极为明显。但区域内各行政区之间价值的多元化，使各行政区对生态问题持不同的偏好或立场，特别在市场化和工业化的双重压力下，地方政府在经济利益的驱使下，俨然成为区域内利益独立的博弈主体，容易衍生出地方保护主义的问题。Pressman 认为，参与者分歧的政策偏好经常是府际间冲突的根源，而政府之间权力不对称的现象，更会加剧由不同偏好所引发的府际间冲突。

区域水资源生态补偿的目标在于整个区域生态环境的改善和区域经济社会的可持续发展，地方政府首先是地方利益的代表，追求本地利益最大化，而不是区域公共利益最大化。区域水资源生态补偿过程中，会不可避免地带来这样的问题，即作为理性"经济人"的单个地方政府首先考虑的是水资源生态补偿对本地经济发展产生什么影响，如何降低本地政府合作成本，获得更多利益，所以地方政府往往缺少承担相应责任的意愿和动力。

很多学者建议在区域范围内建立公共事务的管理机构，以弱化行政区的权力，加强区域合作。但从我国行政体系的科层结构看，区域公共事务管理机构的设立没有根本改变各地的地方保护；相反，管理层级的增设不仅增加了管理成本，还造成中央政府和地方政府信息传递链条的延长，增加了信息不对称和信息扭曲和失真的机会。从各地流域机构的管理实践看，流域机构没有有效遏制相邻行政区之间的污染问题。奥斯特罗姆指出，"我不同意如下看法，即中央政府管理或私人产权是避免公用地灾难的唯一途径"。他认为"在一定的自然条件下，面临公用地两难处境的人们，可以确定他们自己的体制安排，来改变他们所处的

情况的结构"。因此，促进府际协调是走出"公地悲剧"和"囚徒困境"的必然选择。实际上，各个行政区之间资源禀赋差异和越来越多的跨界水污染问题，已经影响到各地的可持续发展，只有各地区之间互利合作，通过府际间良好的信息沟通，建立双边或多边协商机制，降低区域公共治理的交易费用，才能实现利益最大化。

（二）府际协调是响应区域环境突发事件的应急要求

近年来，虽然各地经济发展迅猛，但由于产业结构调整仍非常迟缓，环保局势不容乐观。从能耗看，"十一五"规划要求在 2010 年前单位 GDP 能源消耗要降低 20% 左右。《2006 政府工作报告》提出，2006 年 GDP 能耗要降低 4% 左右。而 2006 年上半年全国单位 GDP 能耗同比还上升了 0.8%。同样，2006 年主要污染物排放总量应该减少 2% 左右，但上半年主要污染物排放总量也不降反升，全国化学需氧量（COD）排放总量为 689.6 万吨，同比增长 3.7%；二氧化硫排放总量为 1274.6 万吨，同比增长 4.2%。以牺牲环境为代价换取的经济发展，导致跨界环境突发事件也呈逐年上升趋势。2005 年，全国发生环境污染纠纷 5.1 万起。2006 年，全国各类突发性环境污染事件平均每两天就发生一起。2008 年 1~5 月，国家环保总局共处理突发性环境事件 53 起，同比增加 14 起。

涉水突发事件往往涉及环保、国土资源、农业、林业、城建、交通、卫生、旅游等多个部门，必须有相应的府际协调机制。但目前条块分割的政府管理模式，造成各地方政府、部门之间职责模糊，没有积极的动力参与多方联动和响应，即使在上级政府的压力下勉强达成一致，也采取消极态度执行调处意见，严重影响了应急处置的效果，延误处置突发事件的最佳时机。

因此，高效的府际协调机制成为应急区域环境突发事件的必然要求。府际协调机制要求各政府部门或者跨区域的地方政府之间在危机发生时能够进行充分的信息沟通与协调，能够群策群力，集中各地区的人力、物力、财力，在最短时间内达到社会资源的最大整合，以将这类危机事件的危害性降到最低限度，减少区域内不同行政区群众的隔阂与不满。

（三）府际协调是区域水资源管理组织扁平化的要求

20 世纪 80 年代以来，欧美许多国家都开展了轰轰烈烈的政府再造运动，许多企业和政府组织结构形式逐渐向扁平化方向发展。通过减少行政管理层次、裁减冗余人员，从而建立一种紧凑、干练的扁平化组织结构。

本书认为，区域水资源管理也有扁平化的需要，但与一般政府部门通过精简机构实现扁平化方式不同的是，区域水资源管理主要通过府际沟通、协调，增强相关水资源管理行政部门的团队协作精神，加强组织成员的素质，权责明确，从而提高管理效率。当前，区域水资源管理存在的问题并不是缺少相关管理部门，而是因为存在多个管理部门，这些部门之间职责不清，从而产生管理效率不高的问题。目前，信息通信技术的发展已经极大地便利了部门之间的沟通，政府部门也正在充分运用这些技术，提高部门之间的协调效率。就区域水资源管理而言，政府完全可以在明确部门之间的分工和职责基础上，通过改善信息通信技术，降低府际之间协调成本，在不增设相关职能部门的基础上，提高整个区域水资源管理的绩效。

三、区域水资源生态补偿府际协调机制的可行性

（一）信息技术的发展为区域水资源生态补偿府际协调提供了技术支持

区域水资源生态补偿府际协调主要包括两个任务：一是对上下游行政区之间的过境水资源状况进行分析，确定一段时间水量和水质水平，并对各方在补偿中应承担的责任和补偿数量进行计算和支付；二是对区域内相邻行政区之间水污染状况进行在线监测，并根据情况进行相互通告和协调。前者是一个时间段的总体水量和水质分析，是对特定时段情况的总结评估和补偿的结算；后者是即时的监测，其主要目的在于对污染的预防做适时的监督和对突发的污染问题做出及时且适当的应急措施。这两种任务，尤其是后一任务要有比较发达的在线监测网络和良好的通信条件。与传统的人工监测相比，在线监测网络技术和通信技术有效地打破了时间、地域及部门条块分割的限制，改善了政府信息流通速度，提高了在区域水资源生态补偿工作中的效率。

第一，改变了水资源各类信息的传播模式（见图3-1）。以前在线监测和通信技术相对落后的情况下，基层少量的环境监测专业人员需要面对整个县域不同地段的水文水资源的监测任务，无法做到即时掌握整个行政区的基本情况，只能

采取在一段时间内，在部分河段截点采样几次，然后对已经过去的这段时间的状况做出评估，并由此推测未来时间段的可能问题。这些评估和判断再以报告的形式通过逐级上报的方式送抵高层。除可能存在中间环节的截留、篡改和增删相关信息问题外，还由于送达的报告都属于时效性不强的信息，极大地影响了高层领导在水资源生态补偿方面的决策。信息技术的应用，在很大程度上改变了政务信息的流通方式。借助于成熟的网络技术，各地不同河段的水资源信息同时沿着多条路径在上下级部门之间传递，确保了水资源信息的完整、通畅、迅速、准确地传递，有效保证了在水资源生态补偿方面的及时性。

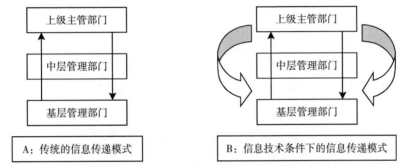

图 3-1　传统与信息技术条件下的信息传递模式比较

第二，改变了区域水资源管理结构。由于技术条件和人员设备的限制，在突发水污染问题面前，以前的水资源管理机构，只能被动地应付由此带来的各类不同问题，各个部门之间缺少事先的协调，只能从本部门利益出发，做出最初的判断，再向上层垂直管理部门寻求对策，往往由于拖延和部门冲突，造成事态扩大，加深群众之间的矛盾，也影响了政府的威信。而信息技术支持下的区域生态补偿，面对突发水污染问题，基层部门需要及时、有效地决策。这要求高层管理机构授予基层管理部门适当的权力，因为在突发水污染问题发生的第一时间里，高层管理人员虽然也同时了解了事情的整个情况，但对于一些潜在的问题无法准确做出判断，这需要身处第一现场的基层管理人员做出现场决策。因此，高层管理机构的适当放权是应对资讯发达的现代社会区域水资源生态补偿的必然要求。另外，为支持基层管理部门的决策，相邻行政区管理部门之间及时沟通协调也将成为生态补偿过程中的常态。实际上，信息技术的发展使整个区域水资源生态补偿机构处于网络式的协调框架（见图 3-2），改变了区域水资源管理的科层结构，提高了区域水资源生态补偿的效率。

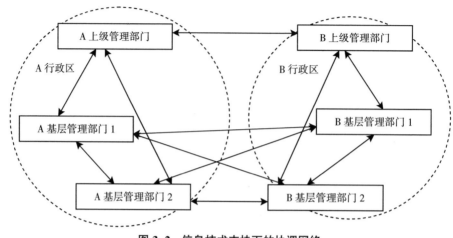

图 3-2　信息技术支持下的协调网络

（二）公众参与为区域水资源生态补偿府际协调提供了持续动力

公众参与作为环境保护的重要内容形成于 20 世纪 70 年代。美国将环境影响评价（EIA）纳入《国家环境政策法》（NEPA）时已开始注意在环境影响评价过程中应注意听取受影响者的意见。联合国环境规划署在 1978 年提出的环境影响评价基本程序中明确提出："地方社团或他们的代表需要知道由开发建设活动带来的不利影响将怎样冲击和影响他们的生活质量……""……政治家也需要知道谁将被影响？通过什么途径及什么样的问题将被提出"。

世界银行在 1981 年 10 月将公众参与作为一项世界银行政策予以实施，在其《工作运行指令》0.D4.00 附件 A《环境评价》中明确指出："世行期望借款方在项目设计和执行，特别是在制定环境评价时，充分考虑受影响群体和非政府组织的意见。"这项政策鼓励社团参与世行贷款支持的项目。在 1984 年关于项目设计和评价的《工作运行手册说明》中又增添了有关社会学方面的考虑。《工作运行指令》0.D2.20 中规定："如果项目的有效实施要求受益者全力投入，那么评价就应核对他们是否参与了项目的鉴定和准备。"1993 年 3 月，亚洲开发银行（ADB）关于公众参与问题也明确规定"银行要求借款人充分听取受影响群体和地方非政府组织（NGOS）的建议和意见，特别是在编制环境影响报告书的阶段……""……借款人应了解受影响群体和 NGOS 的愿望，以使开发项目对投资者、不同利益集团、管理者以及受影响群体都收到最好的效果"。

区域水资源生态补偿关系到区域内群众的生产生活，需要群众的积极参与和支持。Shdrry Arnstein 认为，公众参与可以分为三个层次，其中最低层次是"无参与"（Nonparticipation）；第二层次是"象征性的参与"（Tokenism）；第三层次是"市民权利"。国家环保部副部长潘岳也指出，"解决中国环境问题的最大动力应来自民众。公众应该全力利用宪法赋予他们的知情权，积极参与和监督。"实际上，从 2001 年嘉兴渔民自发的"零点行动"到 2007 年厦门万人集体"散步"反对建设 XP 化工项目，目前我国环境保护过程中公众已经有表达"市民权利"的愿望和行动，并实际影响了我国对生态环境影响较大的部分项目的建设。

从府际协调的内涵看，公众参与是府际协调的重要组成部分。虽然部分专家认为，公众参与可能会增加水资源区域管理的成本，政府为避免协商过程中相互指责、相互竞争的两难局面，及时处理区域水资源问题，往往不考虑让公众介入协商和决策。同时，政府官员没有激励去形成公众参与的协商制度，也不愿去冒协商结果不确定性的风险。不过，本书认为，由于这些专家主要是从事具体行政工作的管理人员，他们的观点来自实际工作的体会，是从自身角度出发对区域水资源管理的认识。从公众的角度，由于区域水资源问题与他们的生产生活关系密切，他们迫切需要有对当前环境的知情权和监督权，当缺少适当的表达渠道时，他们将以影响更大的形式，寻求和获取外部或上级部门的支持与表态。因此，公众在区域水资源生态补偿的府际协调中的参与始终是存在的，尤其是在当前人们联系越来越紧密的现代社会，公众环境参与实际推动了国家生态补偿制度建设的进程，且是政府部门在做出生态补偿若干决策时不可忽略的重要影响因素。

本书认为，在区域生态补偿府际协调过程中，公众参与的形态是多样的，政府各部门之间对公众参与的态度和影响也是不同的，正是通过相互依赖的府际协调主体间相互的议价和协商，才实现了区域生态补偿的协调。同时，通过公私部门联结或容纳民间组织参与区域生态补偿，还可以减轻公共部门运作的负载，有助于增进各级政府之间的协调互动。

（三）可持续发展为区域水资源生态补偿府际协调提供了制度保证

Grossman 和 Krueger 对环境库兹涅茨曲线的研究发现，在较低收入水平上，污染水平随收入的增长而上升，但在较高收入水平上，污染水平随收入的增长而递减。这表明，环境破坏问题的解决还需依靠经济增长本身。我国经济增长与水污染问题研究显示，我国已经在一个相对较低的人均收入水平阶段较早地超越 EKC 的临界点。可以看出，我国政府在生态环境治理过程中，并不是被动地接受环境库兹涅茨曲线这一规律，而是积极地采取了各种有效的环境经济政策。

1987 年，Brundtland 夫人在《我们共同的未来》中，将可持续发展定义为："能满足当代的需要，而同时不损及后代子孙满足其本身需要的发展。"这个定义得到了世界各国的认同。从定义来看，可持续发展应满足三个原则：

（1）公平性（Fairness）：指发展的机会及带来的福利增加，应该公平受惠于人类社会，包括了本代人的横向公平，以及代际间的纵向公平。

（2）共同性（Commonality）：世界各国在发展上的迥异，使在可持续发展的具体目标、政策和实施步骤上是不会统一的，但持续发展作为全球发展的总体目标，必须以全球共同联合行动，相互协调并从地球的整体性出发为思考点，可持续发展才能实现。

（3）可持续性（Sustainability）：人类的经济建设和社会发展不应超越自然资源与生态环境的负载能力，因此发展有一定的限制因素，即生态环境的持续性是基础，资源的持续利用是条件，经济可持续发展是关键，人类社会可持续发展是目的。

区域水资源生态补偿就是为了在一定水资源承载力的基础上，协调各行政区之间的发展目标，实现各行政区平等的发展机会。

首先，按照可持续发展的"共同性"原则，各行政区在保持区域生态环境持续发展的同时，要求尊重对方的发展目标，不以损害相邻换取自身的经济发展，通过府际协作，共同促进区域整体水资源生态环境的健康持续发展。

其次，"公平性"原则表明，在区域水资源生态补偿过程中，府际协调需要区域政府在发挥主导作用的同时，通过制度创新，培养和提高弱势群体在补偿中表达与维护自身权利的能力。与此同时，"公平性"原则也要求府际协调各方在区域水资源保护中根据各自的资源禀赋、能力、社会环境等承担不同职责，保证各方的收益对等公平。

最后，"可持续性"原则不仅指水资源生态补偿中水生态的可持续发展，还包括生态补偿制度的可持续性。运用现有法规、制度和社会资源，加强区域政府机构、学者专家、企业、民间团体和公众等力量的府际协调，共同应对区域生产、生活和生态的问题。

受各种因素影响，上下游之间水资源相关利益群体在生态补偿范围、标准以及补偿方式等问题上难以达成一致意见，从而使区域水资源生态补偿机制实施效率低下，难以体现水资源生态价值。府际协调的目的是把区域相关各方纳入水资源生态补偿的总体框架之中，通过理念上、制度上、权力结构、组织框架等的协调，实现区域水资源生态综合效益最大化。在现代信息技术日新月异的基础上、公众对生态环境服务需求越来越高，社会各界对可持续发展的认识越来越深入，使区域水资源生态补偿的府际协调具有一定的现实意义和可操作性。

第二节　区域水资源生态补偿府际协调的演化博弈分析

一、区域水资源生态补偿府际协调的前提

(一) 生态补偿主体具备有限理性特征

新古典经济学认为，个体的行动决策是合乎理性的，因为个体能够获得足够充分的有关周围环境的信息，并根据所获得的各方面信息进行计算和分析，从而选择最有利于自身利益的目标方案，获得最大利润或效用。但在现实中完全理性的"经济人"是不存在的。西蒙认为，个体在进行决策时对其决策状况的信息掌握不完备，且事实上对后果的了解总是零碎的；同时，个体掌握知识的有限性、预见未来的困难性以及备选行为范围的限制性等特点，使个体处理信息的能力仍

然有限。从这个意义上讲，生态补偿主体同样面临着复杂的、充满不确定性的生态补偿环境，主体不管是政府、企业、民间组织，还是公众，都难以掌握全部信息，并受到生态环境专业知识限制，补偿空间范围、生态资源价值衡量以及对各类主体决策行为的预测难度等影响，生态补偿主体只能以"满意"原则取代都"最优化"原则。

（二）生态补偿主体具有适应性学习能力

在重复博弈过程中，主体能够从对手相关行动的历史记录中吸取经验教训，提高自身对博弈策略的认识，遵循"试探、学习、适应、成长"的行为逻辑，并不断调整自身的策略行为。从区域生态补偿的角度看，补偿主体（$i = 1, 2, \cdots,$ N）在生态补偿初期选择行动 $a_i \in A$，获得收益 x_i，其后主体 i 进一步获得一些未曾预期到的信息 $\omega \in \Omega$，因而根据更新信念规则 $\beta: B \leftarrow \Omega$ 来修正自己的信念 $\beta \wedge i \in B$，并按照决策规则 $f: A \leftarrow B$ 根据目前的信念，再次选择生态补偿的行动。可见，生态补偿主体的学习能力主要体现在补偿主体在信息获取的基础上，确定信念的更新规则和决策规则的能力。

（三）生态补偿主体网络的异质性

在区域生态补偿中，府际协调的主体之间在地位、资源和影响力等方面存在差异，因此不同的生态补偿主体在同样的策略也存在不同的收益。实际上，在资讯飞速发展的现代社会，府际协调的主体都处于类似网络状的社会联系之中，政府和其他行动者围绕生态补偿政策制定和执行不断实践相互间的协商，并根据不同的利益而结成正式或非正式的联盟，由此形成了区域生态补偿网络治理。网络治理分析框架突破了以国家为中心的、科层制的传统政策分析方式，将生态补偿政策研究的对象扩大到跨越政府层级和政府部门的、涉及各种社会主体的跨组织的社会关系网络。通过生态补偿主体间正式和非正式的信息、资源、协调目标、策略和价值的交换，展示了主体在解决生态补偿问题上的相互影响、相互作用的动态过程。

这样，在重复博弈过程中，具有有限信息的区域生态补偿主体根据共享的收益在边际上对其策略进行调整以追求自身利益的改善，不断地用"较满足的事态代替较不满足的事态"，最终达到区域生态补偿的动态平衡。在这种平衡状态中，任何主体不再愿意单方面改变其策略，称这种平衡状态下的策略为演化稳定策略（Evolutionary Stable Strategy，ESS）。

二、生态补偿府际协调的演化博弈均衡

（一）假设与模型

假设在区域水资源生态补偿中，府际协调主体空间分布的上游主体为 A，下游主体为 B，随机发生主体 A 与主体 B 成员的生态补偿协作。则每个主体都有基于自身利益考虑的两种策略，合作或不合作。在博弈过程中，双方都根据既往的对局结果加以统计便可以得到上述各种平均支付水平的有关信息。

上游府际协调主体积极配合区域生态环境治理，则其付出的环境治理成本为 c，发展机会损失为 f，而下游府际协调主体为补偿上游地区造成的损失支付了生态服务费为 b，获得的生态效益为 a；当上游府际协调主体不积极配合区域生态环境治理时，下游主体在生态环境不影响企业生产和居民生活情况下，给予上游适当的生态补偿 b′，而下游主体也将承担生态恶化的损失 d；当上游主体配合区域生态补偿，而下游地区缺少协调意图时，上游地区的收益为 $-c' - f'$，而下游将获得生态收益 a′；当双方均缺少府际合作的诚意时，上下游区域生态补偿的收益分别为（0，$-d'$）。若上游府际协调主体配合生态补偿的概率为 x，下游府际协调主体配合生态补偿的概率为 y，其收益矩阵如表 3-1 所示。

表 3-1　生态补偿府际合作收益矩阵

上游主体 A ＼ 下游主体 B	合作 （y）	不合作 （1 − y）
合作（x）	b − c − f, a − b	$-c' - f'$, a′
不合作（1 − x）	b′, $-b' - d$	0, $-d'$

显然，当区域上下游生态补偿的府际协调主体间随机配对进行博弈时，主体 A 的平均收益表示为：

$$U_{Ax} = (b - c - f)y + (-c' - f')(1 - y) \tag{3-1}$$

$$U_{A(1-x)} = b'y \tag{3-2}$$

则主体 A 的平均收益为：

$$U_A = \left[(b - c - f)y + (-c' - f')(1 - y) \right] x + b'y(1 - x) \tag{3-3}$$

同样，主体 B 的平均收益为：

$$U_B = \left[(a - b)x + (-b' - d)(1 - x) \right] y + \left[a'x + (-d')(1 - x) \right](1 - y) \tag{3-4}$$

根据上述假设，区域生态补偿府际协调主体的理性是有限的，它们的知识根据历次的博弈结果调整自身策略选择的概率。这种动态调节机制类似于生物进化中生物性状和行为特征的动态演化过程的"复制动态"。若某种策略历次平均收益高于混合策略的平均支付，则其将倾向于更多地使用这种策略，假设其使用频率的相对调整速度与其支付超过平均支付的幅度成正比，则主体 A、B 对 x、y 复制动态方程调整为：

$$\frac{dx}{dt} = x(1 - x) \left[(b - c - f - b' + c' + f')y - (c' + f') \right] \tag{3-5}$$

$$\frac{dy}{dt} = y(1 - y) \left[(a - b + b' - d - a' - d')x - (b' + d - d') \right] \tag{3-6}$$

（二）演化均衡策略的渐近稳定性分析

对于任意的初始点 $[x(0), y(0)] \in [0, 1] \times [0, 1]$，有 $[x(t), y(t)] \in [0, 1] \times [0, 1]$，因此，动态制系统的曲线上任意一点 (x, y) 均对应着演化博弈的一个混合策略 $[(1 - x) \odot x, y \odot (1 - y)]$。

显然该动态复制系统有 $U_1(0, 0)$，$U_2(1, 0)$，$U_3(0, 1)$，$U_4(1, 1)$ 四个均衡点，又当 $0 < \dfrac{c' + f'}{b - c - f - b' + c' + f'}$，$\dfrac{b' + d - d'}{a - b - a' + b' + d - d'} < 1$ 时，

$U_5 \left(\dfrac{c' + f'}{b - c - f - b' + c' + f'}, \dfrac{b' + d - d'}{a - b - a' + b' + d - d'} \right)$，也是系统的一个均衡点，它们分别对应着一个演化博弈均衡。

本书认为，区域生态补偿的府际协调机制并不是与生俱来的，它是随着区域经济发展和人们对生态环境认识的不断深入逐渐形成的。在不同阶段，上下游府际协调主体受本地经济社会条件和生态状况的影响，将根据自身利益的需要采取不同的策略。因此，对不同演化均衡的理解需要结合区域生态补偿机制发展的特定阶段。

1. 第 1 阶段

在区域生态补偿的初始阶段，区域上下游经济水平都比较低，人类的生产和生活对生态环境的影响很小，区域内生态状况良好，上下游府际之间没有形成生态补偿机制。此时，上下游之间处于相互竞争的状态，$b - c - f < b'$、$-c' - f' < 0$，表明上游主体 A 缺少进行生态环境治理的动力；由于区域生产力水平还较低，上游主体 A 的活动对下游造成的损失小于下游主体 B 获得的生态效益，即 $a - b < a'$。但当下游主体 B 给予上游主体 A 适当的补偿后，上游主体 A 减少部分生态开发活动，使下游主体 B 获得更多生态收益（$-b - d > -d'$）时，府际之间的协调关系将逐渐向 $U_2(1, 0)$ 演化。下游主体 B 将积极促进区域生态补偿机制的实施，而上游主体 A 则由于合作获得的收益小于自身发展带来的收益，缺少建设区域生态补偿机制的动力，如图 3-3 所示。

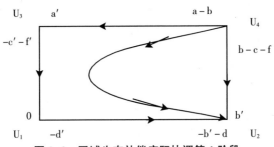

图 3-3　区域生态补偿府际协调第 1 阶段

当下游主体 B 给予上游主体 A 适当的补偿，不能换来更多生态效益（$-b - d < -d'$）时，下游也将逐渐丧失推动区域生态补偿机制建设的积极性。府际之间的竞争将更加激烈，随着经济的发展，府际协调主体博弈均衡向 $U_1(0, 0)$ 演化，区域生态环境逐渐恶化，如图 3-4 所示。

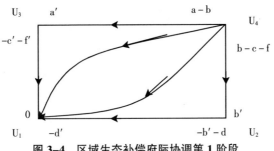

图 3-4　区域生态补偿府际协调第 1 阶段

2. 第 2 阶段

在区域生态补偿的第 2 阶段，区域上下游的经济水平有了一定的发展，生产力水平逐渐提高，人类的生产和生活对生态环境的影响逐步增强，区域内生态状况略有下降。上下游之间仍然处于相互竞争的状态，b－c－f＜b′、－c′－f′＜0，表明上游主体 A 生态环境治理的积极性不高；此时，上游的活动对下游造成的损失大于下游获得的生态效益，即 a－b＞a′。当下游主体 B 给予上游主体 A 适当的补偿后，上游减少部分生态开发活动，使下游地区获得更多生态收益（－b－d＞－d′）时，府际之间的协调关系将逐渐向 U₂（1，0）演化。下游主体 B 将积极促进区域生态补偿机制的实施，但此时由于生态补偿费不能真正体现区域生态价值，上游主体 A 缺少参与区域生态补偿的府际协调活动，如图 3-5 所示。

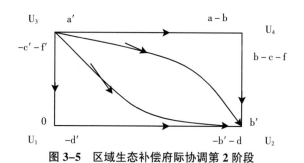

图 3-5　区域生态补偿府际协调第 2 阶段

反之，当下游主体 B 给予适当的补偿，但上游主体 A 没有积极治理当地生态环境，造成下游更多生态损失（－b－d＜－d′）时，下游主体 B 也将逐步取消补偿，府际之间将处于经济上相互竞争状态，府际协调主体博弈均衡向 U₁（0，0）演化，区域生态环境恶化速度加剧，如图 3-6 所示。

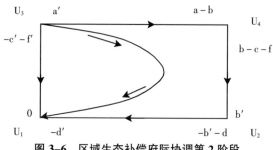

图 3-6　区域生态补偿府际协调第 2 阶段

3. 第 3 阶段

在区域生态补偿的第 3 阶段，区域经济发展水平达到了一定的高度，但由于地理位置的限制，上下游之间通常存在一定的经济差距，下游府际协调主体 B 对生态价值的效用比较高（$a - b > a'$），积极呼吁上游共同参与区域生态治理，并通过给予上游一定的补偿，改变上游主体 A 对生态治理的态度。由于参与区域生态治理获得的补偿有可能超过治理的成本投入（$b - c - f > b'$、$-c' - f' < 0$），上游主体 A 对生态补偿采取相对灵活的策略。当通过补偿获得较高的生态经济收益（$a - b > a'$，$-b - d < -d'$）时，下游主体 B 将增加对生态补偿的投入，上游主体 A 也因此积极参与到区域生态补偿机制的建设中，区域生态补偿的府际协调向 $U_4(1，1)$ 演化，区域生态环境将得到较大的改善，如图 3-7 所示。

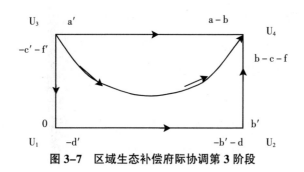

图 3-7　区域生态补偿府际协调第 3 阶段

同时，虽然上下游主体均有进行区域生态环境治理的心愿，但区域生态治理和补偿机制还不完善，有可能存在滞后效益。若 $x < \dfrac{b' + d - d'}{a - b - a' + b' + d - d'}$ 或 $y < \dfrac{c' + f'}{b - c - f - b' + c' + f'}$，此时上下游府际协调主体采取合作的人数小于鞍点。对上游主体 A 来说，生态治理的投入超过了获得的补偿，采取消极的治理行为的主体越来越多；对下游主体 B 而言，由于上游治理成效不明显，大量的生态补偿资金短期内没有获得更多的生态经济效益，在缺乏相互沟通和信任的情况下，采取减少补偿资金策略的主体上升。区域生态补偿的府际协调面临向 $U_1(0，0)$ 演化的趋势，如图 3-8 所示。

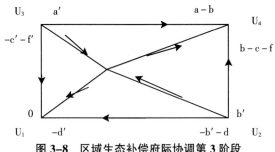

图 3-8 区域生态补偿府际协调第 3 阶段

反之，若 $x > \dfrac{b' + d - d'}{a - b - a' + b' + d - d'}$ 或 $y > \dfrac{c' + f'}{b - c - f - b' + c' + f'}$，此时上下游府际协调主体采取合作的人数大于鞍点。虽然上游生态环境治理存在滞后效应，但总体上，双方对区域生态补偿都持积极的态度，生态补偿资金筹集和使用制度日趋完善，使上游主体生态治理获得收益大于投入，采取积极的治理行为的主体越来越多；同时，在生态状况日益改善的情况下，下游主体 B 对生态服务的支付意愿也逐渐提高。区域生态补偿的府际协调面临向 $U_4(1，1)$ 演化的趋势（见图 3-8）。

4. 第 4 阶段

在区域生态补偿的第 4 阶段，双方对区域生态环境治理的认识日趋成熟，两地经济差距有所缓解，产业结构也逐步向可持续发展方向转型。处于此阶段的经济体，生态环境效用对双方更高。此时，对上游而言，原来的生态补偿金额不仅与生态治理的成本相比较，还要与发展机会损失等比较（$b - c - f > b'$、$-c' - f' < 0$）。对下游而言，补偿有可能获得更多生态效益，也可能承担更多区域生态治理成本（$a - b < a'$，$-b' - d > d'$）。因此，上下游府际协调主体都将采取积极的行动与对方沟通，$U_5\left(\dfrac{c' + f'}{b - c - f - b' + c' + f'}，\dfrac{b' + d - d'}{a - b - a' + b' + d - d'} \right)$ 是它们的一个稳定的均衡点。虽然有部分上下游府际协调主体对生态补偿过程中的问题不满意，但通过沟通与协商，区域生态补偿机制的建设将日趋成熟，如图 3-9 所示。

但如果下游主体 B 给予的补偿始终不能真正反映生态价值，缺少对上游主体发展机会成本损失的补偿（$a - b < a'$，$-b' - d < d'$），下游主体 B 也有转移生态环境治理成本的可能，这时也容易使原本运行相对稳定的区域生态补偿机制陷入停滞，并造成相互竞争的格局，如图 3-10 所示。

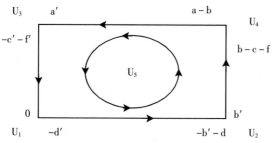

图 3-9　区域生态补偿府际协调第 4 阶段

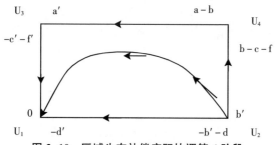

图 3-10　区域生态补偿府际协调第 4 阶段

府际协调演化博弈证明，在区域生态环境治理过程中，对生态建设和保护者的经济补偿是推动区域生态环境可持续发展的重要手段。从环境正义的角度看，生态补偿避免了欠发达地区群众承担整个区域生态环境治理成本的问题。通常，弱势群体与区域生态环境的关系更为密切，他们的生产和生活也更多地依赖周边的生态环境，因此这些地区的群众是生态环境保护的主要力量和实际行动者。改善他们的生产和生活水平，不仅有利于区域生态环境治理，而且有利于改变区域生态环境治理过程中利益相关者的力量对比，使区域生态补偿的府际协调机制向合作方向发展。

同时，府际协调主体对生态服务的消费需求和支付意愿受区域社会经济发展水平的影响。在区域经济发展的不同阶段，府际合作形式呈现不同的特点，所以区域生态补偿府际协调机制的建立应结合不同时间和地域的特定情况逐步完善和发展，否则反而会产生不利的结果。

三、区域生态补偿府际协调机制建设的影响因素

区域生态补偿机制的建设与发展有一个漫长的讨价还价的过程，每一阶段的生态补偿机制的演变都是多方妥协的结果。演化博弈的过程分析表明，生态补偿机制的建设需要结合地方的经济发展状况、灵活运用生态补偿的手段以及协调相关利益者之间力量对比。

（一）生态补偿府际协调与经济发展

府际协调的博弈分析表明，生态环境问题的本质是区域的发展问题，是在经济、社会和生态环境发展的过程中产生的，因此区域生态环境问题的解决必须在发展的过程中解决。由于生态环境问题的外部性特点，区域环境治理容易产生"搭便车"问题，使政府间在相互合作解决环境问题的博弈中经常采取不合作的策略。府际协调机制对区域生态补偿的重要意义体现在其对跨界生态环境问题的有效治理上。虽然跨行政区的环保机构是一个比较有效的方法，但实践上，此类行政机构的设立必然引起局部地区权力结构的变化。同时，随着区域经济的一体化发展，涉及的区域公共服务内容不断增多，设置更多的跨行政区机构将带来更多的行政成本。因此，生态补偿的府际协调机制将是以最小制度成本换取最优治理效果的选择。

生态补偿府际协调机制的可能性源于政府环境治理的责任和主体间非零和博弈利益驱动力的双重作用。政府具有解决生态环境问题的动力，对于任何一个政府，无论是中央政府还是地方政府，为公众提供清洁、健康的生态环境是政府不可推卸的责任。而政府间合作治理区域生态环境问题并不是偶发性或一次性的，双方会考虑不合作决策所带来的高额代价和成本。地缘位置上的确定性决定了博弈的主体是确定的，因此各地方政府之间的交流与沟通也是经常性的。同时，生态补偿是多方参与的非零和博弈，各地方资源禀赋的差异和大量区域性公共事务的出现，使政府、企业和公众等各方府际协调主体只有合作才能实现己方生态环境利益。这使协商与合作成为生态补偿府际协调的内在逻辑。

本书认为，初始阶段的区域生态补偿府际协调机制主要表现为政府斡旋之下的地方政府之间的沟通与协商。由于实践认识问题或与自身的利益关系不大，加

之制度设置初期的参与渠道的限制，其他相关主体在区域生态补偿的府际协调机制中的地位和影响力是相对有限的。在我国，这些生态环境的直接相关者和行动者在生态利益受到侵害时，更多的是与地方政府交涉，寻求更多的帮助。应该说，这既是当时的政治体制造成的，也是因为从其他途径寻求生态补偿的成本超过了它们的承受能力。近年来，在我国不少地方，片面地追求经济发展，造成生态恶化，影响群众生产生活，并由此引发的群众上访案例已经占到总上访数量的20%，实际上说明了区域生态环境补偿府际协调的一种常见形式。

当区域经济发展到一定阶段并形成多元利益格局时，区域生态补偿的府际协调表现为地方政府之间积极主动地寻求协调机制的建立和群体生态环境冲突。此时，区域生态问题比较突出，甚至部分地区出现污染范围较大的生态环境事件。但环境问题的复杂性和生态资源产权不明晰，以及由于强势群体拥有的社会财富、政治地位以及表达权、话语权，决定了他们在生态补偿问题上拥有举足轻重的地位。弱势群体依靠传统的上访的方法无法解决补偿问题，因此，群体冲突就成为一定时间内府际协调的常态。例如，近几年，环境污染纠纷呈直线上升趋势，每年上升的比例为25%，2002年超过了50万起，2007年我国突发性环境事件达462次，区域生态环境污染事件引起了上下游群众之间的隔阂与矛盾，严重影响区域经济发展和区域稳定。当然，区域生态环境的冲突也引起了我国政府的高度重视，温家宝曾指出："要使环保政策和执行力像钢铁一样坚硬，而不是像豆腐一样软弱。"国家也相继出台了多项法律法规，进一步明确了地方政府在环境保护方面的责任，与此同时，国家《关于开展生态补偿试点工作的指导意见》也提出，根据出入境水质状况确定横向生态补偿标准，搭建有助于建立流域生态补偿机制的政府管理平台。

随着公众对生态环境问题认识的不断深入，府际主体之间对生态补偿问题的认同不断增多，各方在长期的相互博弈中也体会到合作带来的共赢。而相对于过去的多中心的时代，市场、政府和社会职能的分化以及以此为基础的新的社会运行机制也逐步形成。区域生态补偿机制体现出更多彼此的相互包容，因此它们倾向于将生态补偿机制的议题重心集中于替代（Trade-offs）、妥协（Compromise）以及联盟建立（Coalition Building）等问题。通过公私部门联结或容纳民间组织参与生态补偿的协调，不仅可以减轻政府部门的公共成本，也有助于增进区域府际主体之间的协调互动。例如，2003 年 GDP 就占全国总量 23.9% 的长三角地区，也是我国环境和生态相对脆弱的地区。目前，提高区域生态治理的合作范围，优化区域经济结构，走可持续发展之路已经成为区域府际主体的共同认识，并就共同关心的水域污染以及二氧化硫排放进行了积极的联合行动。

上述分析表明，在区域经济发展的不同阶段，府际协调的形式是有差异的，这需要我们从积极的意义上看待府际间的冲突，府际间的冲突、协调、谈判等均是府际主体在生态补偿过程中的博弈策略，是区域生态补偿机制中相互依赖的主体之间相互的议价和协商的手段。府际协调主体采取什么样的策略，取决于它们之间经由议价和协商而达成对生态补偿决策的共识程度。

（二）生态补偿府际协调与补偿方式

适当的补偿方式对推动区域生态补偿的府际协调机制也有重要作用。区域上游的生态保护直接影响到下游地区的生态质量，对上游地区的生态保护努力和机会成本给予相应的补偿。从生态功能保护和建设区社会经济可持续发展的角度，考虑补偿的方式问题。

目前，我国生态补偿制度以及与之配套的产权制度尚未完善，生态效益评估十分困难、交易成本较高，由政府购买生态效益、提供补偿资金的政府"强干预"式的生态补偿机制，在短期内提高生态效益，促进区域上下游之间的环境公平是必不可少的。但从部分水土保持、天保工程等项目的实施情况看，政府主导的生态补偿项目缺少对市场的详细了解，实施的"造血型"生态补偿不能给农户带来预期的经济效益，甚至给农户带来一定的损失，容易动摇生态建设和保护者的信心。

因此，随着市场化程度的提高，基于市场的政府"弱干预"式的补偿将是生态补偿制度创新的重点。通过引入市场竞争和激励机制，促进生态效益的提高。基于市场的区域生态补偿机制，具有相对的直接和灵活性。通过生态保护者与生态受益者之间自愿协商，能够帮助府际协调主体提高对自然资源的意识，促进冲突管理并找到折中方案，扩大生态补偿资金的融资渠道，并使补偿资金调配到社会经济薄弱的环境服务部门。经验表明，在同时提供非现金形式的补偿时（如能力建设、贷款、其他集体或个人的服务），支付给土地所有者的偿付会更有效。

（三）生态补偿府际协调与公众参与

公众参与就是公民、单位或组织对社会公共事务的共同维护和处理，这里主要指府际协调主体对生态补偿的认知和维护程度。它包含人们对生态补偿机制的认识、情感、态度和行动。

公众是生态服务的建设者或受益者，公众参与是完善生态补偿的府际协调机制的重要环节，是促进区域生态治理的有力措施。

从区域生态补偿机制的实施看，如果府际主体对区域生态补偿的内容和机制不了解，就无法明确自身在补偿过程中的地位和作用，也无法明确地表达自身在区域生态补偿过程中的利益诉求，从而造成更多的矛盾冲突。

在区域生态补偿过程中，补偿范围越大，补偿内容越复杂，生态价值的确定越不准确，越需要府际协调主体的积极参与。因为企业、个人或民间组织与生态环境的接触最多，虽然缺少正规的专业培训，但作为环境资源的使用者，府际协调对本地区的资源状况很了解，对各种环境资源间的关系也有清晰的理解，能够准确评估这类资源在生态保护中的价值，对生态环境保护措施也能够提出更具有可操作性的意见。

另外，生态补偿的公众参与也可以培养府际主体的环保意识，促进他们参与生态补偿决策的过程，通过与生态补偿执行机构一起协商、讨论，参与生态补偿的政策设计和管理，提高他们在生态补偿中维护切身利益的能力。同时，推动府际协调主体参与区域生态补偿的决策过程，可以改变环境博弈的力量对比，消除生态补偿过程中地域的歧视与偏见，尊重和平等对待欠发达地区的发展权利，实现生态补偿机制的可持续发展。

第三节 区域水资源生态补偿府际协调机制的设置

一、区域水资源生态补偿机制府际协调存在的问题

中华人民共和国成立以来，我国水资源管理和其他自然资源管理一样，沿袭计划经济体制下形成的管理模式。水资源管理的最大特点是在管理体制上实行行业统一管理体制和区域行政体制相结合，在管理层次和范围上则是按照行政级别和区域划分的。

2002 年，经过多年的不断摸索和完善水资源管理组织结构形式，新《水法》确定了"国家对水资源实行流域管理与行政区域相结合的管理体制"。目前，我国的流域水资源管理是"三级管理体制"，即水利部、流域机构、地方水利厅三级管理。流域机构是水利部的派出机构，代表水利部在本流域行使部分水行政管理职能，发挥"规划、管理、监督、协调、服务"作用。按照这种管理体制，理应是以流域统一管理为主，以区域行政管理为辅。

但由于制度的惯性，部分区域水资源管理者并没有接受流域管理的理念，过分注重区域利益，忽视全流域的利益。同时，我国对水资源保护和开发利用具有管理权力的机关包括水利部、环境保护部、农业部、国家林业局、国家发展和改革委员会、国家电网公司、住房和城乡建设部、交通部和国家卫生产计划生育委员会等众多部门。这些部门在水资源保护和管理中的职能关系仍然没有理顺，例如，《水法》和《水污染防治法》分别授予水利部和国家环保部水量和水质的管理权，但实践中水资源的质与量的产权属性是难以完全分离的。同样，《水法》授权水利部门关于划定水功能区、确定水域纳污能力，而《水污染防治法实施细则》又规定环保部具有管理跨界流域水环境管理和最小水量的权力，造成了制度的冲突。巴泽尔认为，"没有界定产权的公共领域，不同区域、不同部门的政府都将展开对公共领域的争夺"。

水资源生态补偿机制涉及复杂的利益关系调整，长期的概念混淆和水资源权利属性划分不明确，造成相关部门在区域水资源生态补偿机制建设中管理职能、管理范围权限划分上的冲突。

（一）区域生态补偿机制缺乏系统性、持续性

生态补偿机制对促进资源的可持续利用，推动环境保护工作从以行政手段为主向综合运用法律、经济、技术和行政手段的转变，实现不同地区、不同利益群体的和谐发展。近年来，我国政府明确提出建立生态补偿机制的要求，并将其作为加强环境保护的重要内容。《国务院关于落实科学发展观加强环境保护的决定》要求"要完善生态补偿政策，尽快建立生态补偿机制。中央和地方财政转移支付应考虑生态补偿因素，国家和地方可分别开展生态补偿试点"。《国务院 2007 年工作要点》（国发〔2007〕8 号）将"加快建立生态环境补偿机制"列为抓好节能减排工作的重要任务。国家《节能减排综合性工作方案》（国发〔2007〕15号）也明确要求改进和完善资源开发生态补偿机制，开展跨流域生态补偿试点工作。各地政府陆续出台了地方性的生态补偿实施意见。

但总体而言，还没有一个全局性、系统性的生态补偿制度，尤其是缺乏经过实践检验的生态补偿技术方法与政策体系。各地生态补偿试点工作虽然已经连续展开，但在生态补偿标准的确立体系上存在较大差异，在补偿模式上缺少与相关法律法规的衔接。这些都不利于形成全局性、系统性的生态补偿制度。

另外，在现有的生态补偿相关政策中，绝大多数是以工程项目的形式组织实施的。实施时间有一定的期限，组织结构也是临时性的。项目完成了，组织也解散了。如"退耕还林"、"退牧还草"、"天然森林保护工程"、"水土保持"等生态保护项目，都是存在较大风险的生态补偿短期政策。而上游的发展必然需要一个持续的，考虑到生态功能区长期发展的生态补偿制度安排。

（二）区域生态补偿机制缺乏全局性

首先，我国现有的生态补偿政策普遍带有较强烈的部门色彩。由于在水资源管理权限和范围的冲突，区域诸多部门大多从本部门利益出发，制定各自的生态补偿政策设计，缺乏相互的沟通与协作，并容易强化生态补偿过程中部门利益。例如，《中央森林生态效益补偿基金管理办法》规定，中央补偿基金是对重点公益

林管护者发生的营造、抚育、保护和管理支出给予一定补助的专项资金，由中央财政预算安排，地方政府配套。但从试点工作看，个别地方没有采取切实可行的地方配套措施，反而把试点工作当作争取中央资金的一种方式，影响了区域生态补偿的正常开展。

其次，我国现有的水资源生态补偿机制缺乏区域整体性。水资源的流动性要求从整体的角度制定区域生态补偿政策。虽然区域经济一体化加速了行政区之间的合作，但由于区域水资源生态效益价值难以衡量，以及补偿标准的难以确定，区域生态补偿机制短期内难以获得实质性进展。安徽省黄山市是新安江流域上游的水源涵养区，而浙江省的杭州市是流域下游的受益区。两市都对新安江流域生态补偿问题十分重视，但在如何补偿的问题上，却各持己见。黄山市提出了"新安江流域共享共建"的建议，希望从浙江获得生态补偿，并期待浙江省投资，以发展低污染、无污染的新型工业。浙江省杭州市则认为，上游的水质得不到保障，特别是总氮和总磷指标甚至达到 V 类水，对下游水质造成不良影响，上游没有提供合格的水，下游不应对其进行补偿。流域水环境保护的一贯性要求不同区域之间加强配合与合作，缺乏解决区际问题的生态补偿制度安排，不利于流域区际生态补偿的开展。

（三）缺乏生态补偿的公共参与机制

目前，我国环境问题已从观念启蒙阶段进入利益博弈阶段，环境污染和保护的力量之间必定有一个此起彼伏的拉锯过程。在强大的传统经济增长方式和一些特殊利益面前，仅依靠环保部门的力量是不够的。但是，目前我国有关生态补偿政策的制定过程中，缺乏利益相关者广泛参与的机制和实现途径的制度安排。例如，由于缺乏公众听证，国家层面的政策立法未能合理划分沿海经济发达地区和中西部贫困地区的补助标准，没有体现出因地制宜性，致使在执行过程中出现了许多问题和矛盾。在退耕还林补偿中，全国仅分为南方和北方两个补偿标准，这样的补偿方式在一些地区导致了"过补偿"现象，而在另一些地区却是"低补偿"。生态补偿也难以调动区域水资源保护和建设的积极性。

公众是生态环境保护的主要力量。作为环境最大的利益相关者，公众最有动力去监督各相关部门和企业是否履行了环境义务，是最公正的环境督察员。但当前公众的诉求仅仅是通过部分专家的参与进行表达，实质上这些意见只是专家理解的公众诉求，与公众的真正诉求还有一段距离。所以，区域生态补偿机制需要拓展公众参与的渠道，用制度的手段保护公众在区域生态补偿中的权益。

二、区域水资源生态补偿府际协调机制设置的理论基础和原则

（一）理论基础

1. 公共管理理论发展趋势

20 世纪 80 年代以来，为适应社会经济发展和群众的需求变化，世界上不少国家掀起以"顾客导向、竞争导向和结果导向"为理念的新公共管理运动。新公共管理运动不仅强调"速度、效率"等工具性价值，更追求"多样性、公平、责任及人性化"等公共精神，努力使政府变得更有竞争力、更有活力、更有效益。

新公共管理是公共选择理论与管理者主义思想的结合。公共选择理论用经济学理论分析政府制度与服务，强调民选官员对官僚体系的政治控制，以避免官僚体系自利行为造成的资源浪费；而管理者主义则强调管理过程中的赋权，即管理者根据实际情况进行决策，以提高政府工作的效率。Hood 也认为，面对利益群体日益多元化，公共管理应吸收新制度经济学和现代企业管理理论的优势。一方面，公共管理应强调管理的专业性，明确的绩效标准及衡量方式，以及公众等特征；另一方面，公共管理应引入竞争机制，通过契约外包和准市场而增进公共管理的竞争和公众的选择。

可以发现，公共管理发展源自于传统的提供普遍性和一致性公共服务的大规模官僚政府，逐渐转变成为能够快速响应公众需求、规模较小、更具弹性的政府体制。它强调了公共管理目标的多样性和价值的多元性的管理理念，包括公共服务项目的成本管理，公共服务的质量、结果或产出的管理，以及公共管理部门的企业精神，"多元价值"追求极大满足了公众的多样化的需求，大幅度提升了公众对公共管理的满意度，也满足了政府官员"感情、尊重、自我实现"的需要。

2. 区域治理

与新公共管理理论同时发展的还有"治理"理论。20 世纪下半叶，各国生态环境危机问题日益突出，严重影响了国家和地区的生态环境安全，面对政府与

市场对环境问题解决的失败，各国产生了对多中心环境治理的制度需求。

Rhodes 认为，治理的含义远大于政府，它考虑的不只是政府制度本身的运作，也重视这些制度与公民社会间的互动过程及国家与社会之间相互影响的结果。他将治理的要素分析如下：治理表示自我管理、组织间相互独立的网络关系、资源交换、游戏规则以及独特的自主性。因此，治理概念的主体，并不是政府本身，而是其基于特定目标所衍生的相关制度与程序。换句话说，治理所关切的焦点并不是政府组织，而是政府应该发挥的功能。

由于治理观点重视政府以开放的胸襟与外在环境维持良好互动，因此地方政府更有必要落实"区域治理"的思维。Bovaird 和 Loffler 指出，区域治理是一套涵括正式与非正式的规则、结构与过程。它决定了个人与组织对权力的运作方式，而这种方式除了超脱一般利害关系人所做成决策的力量之外，也会影响个人或组织在地方层次上的权利。

从区域水资源治理看，由于水资源的流域特点和行政区划分割，导致我国区域水资源治理呈现碎片化的趋势。因此，建立不同层级政府和非政府组织之间的多层次、多中心、自主治理的合作机制就成为必要选择。

本书认为，区域水资源治理有以下几个要素：一是区域水资源治理有赖于多元利益关系主体之间就治理问题的对话、协商与合作；二是区域水资源治理的程序要透明，要兼顾相关主体的利益；三是在相关主体参与区域水资源治理中，应视问题的性质，灵活运用正式与非正式的规则和合作的网络关系，形成解决问题的优先次序的共识。

治理理论呼唤一种新的权力机制，这种机制正是以权力平衡、平等对话、利益协调为核心的。治理理论改变了地方政府传统上中央政府代理人的角色，给地方政府全新的思维与运作。随着公共治理的区域合作，多元利益主体的参与，治理理论为实现区域水资源府际协调提供了理论基础。

（二）设置原则

目前，我国生态补偿机制的试点才刚刚开始，虽然已经取得了部分成绩，但总体而言，由于生态补偿涉及的利益相关群体众多，尤其是流域性的生态补偿涉及的面更广，生态补偿政策实施还存在众多的阻力，所以本书认为，我国的生态补偿机制建设应遵循："循序渐进、先易后难；多方并举、合理推进"原则。从新公共管理和区域治理理论看，区域生态补偿府际协调机制的设置还应遵循以下原则：

（1）弹性原则。水资源的流动性和公共性决定了各地难以明晰地划分其权属，各地的生态补偿机制除了受经济、社会等因素影响外，还存在许多不确定的潜在因素，所以区域生态补偿府际协调机制要有弹性原则。高层管理者虽然对区域生态补偿有宏观的把握，但毕竟不处于生态补偿的第一线，难以在第一时间觉察到面临的新问题，而通过逐级呈报到达高层管理者面前的资讯时效性大大降低，不利于应对区域生态补偿过程中的突发问题。在大力加强府际之间沟通的基础上，充分授权基层相关部门根据实际情况进行决策的权力，因为基层相关工作人员处于生态补偿的第一线，不仅熟悉地方的生态环境的基本情况，也与基层群众有紧密的联系，能够及时地了解区域生态补偿过程中地方相关利益群体的利益诉求和矛盾冲突，充分的授权能够将一些矛盾及时化解。

（2）效率原则。区域生态补偿的府际协调机制的一个主要目的是提高补偿机制运行的效率，因此效率原则同样也是府际协调机制设置的标准之一。本书认为，造成目前我国区域水资源生态补偿机制建设缓慢的原因，除各部门职能交叉，职责不清外，更重要的是在补偿过程中，某些部门权力过大而责任过小，造成部门之间利益不均，也是引起部门之间协调不畅、积极性不高的重要原因。所以，区域生态补偿府际协调机制应合理设计各个部门的管理层次和范围，既要进行专业化分工，又要相互协调，密切配合，在减员增效的基础上，明确各部门的权力和责任。

（3）权益对等原则。公众是推动区域生态补偿的主要力量，但公众的力量是分散且弱小的，以什么样的形式保障这些群体平等地参与到生态补偿过程中，并平等地行使和维护自身权利，是建设区域生态补偿机制的一个重要的问题。对任何相关者利益的损害都会危及到区域生态补偿的顺利实施。例如，1998年长江洪灾后，在四川等地"天保工程"的实施过程中，缺少对林农利益的考虑，没有将商品林保护与公益林保护做适当区分，一定程度上损害了商品林权所有者权益，挫伤了林农造林护林的积极性，也制约了商品林生产资本功能的发挥和林业产业的发展。从这个意义上说，权益相符原则可以有效解决补偿过程中的代理问题和逐利问题。权益相符原则采取类似股份有限公司的制度，生态补偿主体按照"受益补偿、损害赔偿"的原则确定其在区域范围内的利益关系，而其参与权的大小与其对区域生态补偿的利益关系成正比。权益对等原则可以有效激励企业、社团等府际主体积极参与区域生态补偿政策的建设和实施，并有较强的诱因关心与监督代理人的表现。

三、区域水资源生态补偿的府际协调机制构想

目前，随着"省管县"的政治体制改革不断推进，我国水资源生态补偿的府际协调过程中，地方政府的权重不断增加，地方政府之间、地方政府和上级政府之间的府际协调行为日渐成为常态。与此同时，非政府组织、企业以及公众在区域生态环境保护中的影响力逐步增大，区域生态补偿的府际协调日益成为利益相关者的共识。但现阶段，区域生态补偿的府际协调仍旧以政府之间的协调为主导，非政府组织、企业以及个人还缺乏参与区域生态补偿核心问题讨论的资源和渠道。在地方保护和部门利益的争夺中，这种状况使区域生态补偿的府际协调存在动力不足的潜在危险。因此，如何拓展非政府组织、企业和公众参与区域生态协调的能力和渠道，统一府际协调的结构是完善区域生态补偿的重要内容。

在现有制度基础上，区域生态治理制度结构进行局部的调整是学者普遍达成的共识。从制度成本考虑，在我国纵横交错的权力结构中，将水资源的各类属性统一由一个部门管理，需要对较多现行的政府机构进行整合，涉及的部门利益较多，容易造成政府机构之间较大的矛盾冲突，不利于政府结构的稳定。府际协调机制的优点在于既尊重了目前各部门的利益，又强调各部门在水资源生态补偿中的利益整体特点，指出各部门之间应协调相关行动。周海炜和张阳针对长江三角洲跨界水污染问题的层次性特点，认为长江三角洲应针对不同的治理需求建立跨界水污染治理的多层次协商机制，并分别从战略层面、管理层面和地方层面分析了水战略协商、水行政协商和水事纠纷协商的内容。但没有进一步对区域协商机制的设置问题进行详细的研究。胡庆和基于组织的界面冲突，提出了"凹凸槽"原理的水资源管理平行组织集成机制设计。而相互兼职虽然有助于促成整体利益

的形成，却同样不能解决部门之间水资源管理上的职能重叠和权属不清等问题。

本书认为，区域水资源生态补偿在我国是一个全新的议题，目前不少地方才刚刚完成试点工作，在很多方面还存在争议，较大规模的区域生态环境治理制度革新并不一定带来成功。因此，区域生态补偿的府际协调一方面需要灵活地继承现有的制度体系，另一方面需要将不同的现行的制度体系进行必要的组合创新。在与国家现行政治体制不冲突的情况下，有效促进各类府际协调主体的区域生态补偿合作。

（一）设立区域水资源生态补偿管理委员会

流域管理机构是协调行政辖区与利益团体间的关系的必然选择。世界各地流域管理模式取决于国家政体、流域问题和流域社会文化背景，因而形式各异，主要有流域行政管理机构、委员会、理事会、联合会等。

流域行政管理机构一般是国家通过立法赋予其明确的权力、责任和义务，授予其对水和相关资源的规划、配置、开发、利用、保护、管理、监测、监督、管制及实施其决定和活动的权限，并实施其他涉及水、土地、污染防治、环境保护等相关法律的政策和条款。流域行政管理机构的主要目标是推进流域经济发展，其管理范围远远超出水资源的管理。这类管理模式较典型和成功的例子是美国的田纳西河流域管理局和加拿大的大河保护局。

流域咨询委员会通常需要由河流流经地区的政府和有关部门，通过制定流域管理协议，构建河流协调组织。流域管理委员会的职能包括建立完善的数据收集和处理系统、制定流域用水和环境保护措施、制定水资源规划、开发政策与战略、建立系统的监督报告系统、监测流域功能和流域内用水等。流域咨询委员会的优点在于可发挥社会力量参加河流管理。澳大利亚的道森流域合作协会、美国的沃德流域协会等就是这种模式的例子。

理事会是由政府部长、官员、专家、NGO 和地方民众组成的正式团体，定期讨论流域管理事务，具有为政府提供咨询的权力。理事会与委员会相对应，后者是一个由专家与政府官员组成的机构，除了向政府提供咨询的作用外，一般还具有制定规章的权力。理事会主要职能是协调、政策建议、数据处理和审计等，一般不具有任何实际的管理和控制职能。澳大利亚、加拿大都有这样的协调机构，如墨累—达令部长理事会和弗瑞斯德流域理事会。

我国的流域管理机构，如长江水利委员会、黄河水利委员会等，都不是权力机构，虽然拥有一定行政职能，但并非一个真正的管理机构，在流域水资源的综合管理中仅有有限的监控权和执行权，控制流域水资源分配的实际权力也有限，很难直接介入地方水资源开发、利用与保护问题。与此同时，省内部的生态环境治理通常由主管环境治理的领导牵头，由环境保护部门联合各相关单位组成的领导小组进行专项的生态环境治理工作。同样，下一层级政府也类似于这样的设置，各部门之间分别负责区域水资源管理的某一方面工作（见图3-11）。而区域生态补偿不仅需要各个部门之间的相互协作，还需要区域政府之间的相互合作。这样的组织设计，造成各部门之间缺乏有效协作，容易产生补偿资金与实际生态环境污染不匹配的问题，加深政府之间的矛盾。例如，在区域生态补偿中，环保部门负责水质的监测，水利部门负责水量和水文等监测，而两个部门由于缺乏沟通，往往各行其是，使实际水污染量与测量值之间的差距很大，影响了生态补偿的实际效果。

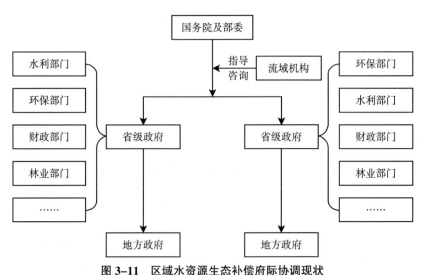

图3-11　区域水资源生态补偿府际协调现状

本书认为，区域生态补偿首先要成立区域水资源生态补偿管理委员会。目前，各省水资源生态环境补偿被分散在诸如水利、林业、农业和环保等多个部门，补偿的形式也不尽相同，在名称上也存在多种称谓。这给建立区域水资源生态补偿机制带来了一定的难度。建立由区域内行政区政府代表、相关水利、环保、财政、国土等部门以及自然科学和社会科学专家代表组成的区域水资源生态补偿管理委员会，既能够延续以前水资源生态补偿方面的工作，不会引起各部门之间的冲突矛盾，又能够统一区域的生态环境补偿管理，从区域范围优化水资源的生态补偿。

区域水资源生态补偿管理委员会的主要职能主要包括：制定区域生态功能区的划分，对区域水资源生态补偿进行统一规划部署；制定区域水资源生态补偿的重大项目的立项、认证和组织实施工作；制定水资源生态补偿方案和实施办法，通过协商确定生态环境测量办法和补偿标准，以及补偿资金的筹集和使用办法；指导和监督下级地方政府水资源生态补偿管理机构的相关工作，协调地方政府之间水资源生态补偿的矛盾并负责对水资源生态补偿办法进行解释。

委员代表的任命资格、程序、名额保障及职权等均以法律进行规定。委员会应建立定期举行生态环境补偿的研讨会和交流会制度，促进区域水资源生态补偿的制度建设。

区域水资源生态补偿管理委员会的建立，为各类不同层次的生态补偿主体的协调和沟通创造了机会，不仅听取和接纳了不同利益相关者的声音与意见，也避免了各行政区因本位主义及各自为政，造成相互掣肘与行政资源的重复浪费。通过委员会成员之间的协调，改变了地方政府在区域水资源治理过程中的被动处理的态度，为府际之间运用"协调"化解"冲突"进而达成府际间的共同合作创造了条件。对中央政府而言，委员会内部的协商避免了中央政府在解决区域府际间水污染冲突时陷入"球员兼裁判"的尴尬与两难处境。

（二）基层水资源生态补偿管理机构

基层水资源生态补偿管理机构分为决策机构和执行机构（见图3-12）。基层生态补偿的决策机构可以结合基层选举制度，组成由基层各个职能部门、企业、非政府组织和群众代表在内的决策小组。决策机构定期商讨辖区内水资源生态补偿标准、资金筹集和使用原则，负责监督执行机构水资源生态补偿的执行情况。从而保证生态补偿的公平性，更加明确水资源环境保护和建设中的责、权、利关系。

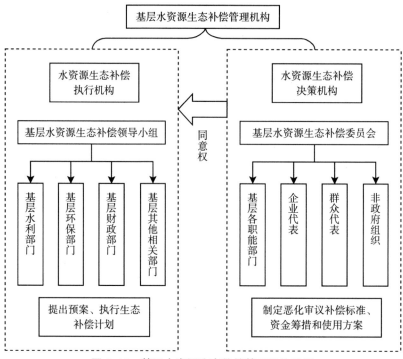

图 3-12　基层水资源生态补偿管理机构设置

基层水资源生态补偿执行机构由基层政府环保部门、水利和财政等部门联合组成，负责生态补偿资金的筹集和使用，辖区生态环境的监测，并就辖区水资源生态状况和补偿资金的使用情况向决策机构和上级管理机构汇报，提出在补偿过程中遇到的问题和建议，接受基层决策机构和上级管理机构的监督。

实际上，由于经济和信息技术的发展，公众与政府之间原先不对等的关系已经有所改变，公众参与已经成为推动生态环境保护的重要力量。部分学者认为，公众参与可能会造成协商过程中相互指责、相互竞争的两难局面，也容易产生协商结果不确定性的风险，增加生态环境补偿管理的成本。本书认为，公众的生产生活与区域生态环境关系密切，他们迫切需要有对当前环境的知情权和监督权，当缺少适当的表达渠道时，他们将以影响更大的形式，寻求和获取外部或上级部门的支持与表态。因此，公众在生态环境补偿中的参与始终存在，只是形式上有所改变。在当前人们联系越来越紧密的现代社会，公众环境参与实际推动了国家生态补偿制度建设的进程，且是政府部门在做出生态补偿若干决策时不可忽略的重要影响因素。因此，创设一种参与机制以充分调动公众参与区域生态补偿的积极性、主动性，对生态补偿府际协调机制建设具有重要意义。

在我国公众参与机制还不成熟的条件下，我们可以分步骤地将公众参与纳入区域生态补偿的府际协调过程中。目前，我们可以结合基层民主选举机制，首先在基层水资源生态补偿决策中，通过公众代表参与基层委员会的协商和讨论等方式，表达企业或群众的利益诉求，达到多方面协商合作的效果。另外，基层水资源生态环境补偿委员会也可以通过听证会等形式，回答民众疑问，使公众能够充分地表达自己的意见和愿望。

(三) 区域水资源生态补偿府际协调相关机制建设

1. 磋商机制

磋商机制是介于行政机制和市场手段之间的机制，是指政府之间、部门之间以及它们与其他利益相关者之间进行平等协商，各自表达或妥协自身权益，以达成某种机构和协议的制度安排。区域水资源生态补偿是涉及多个地区、多重利益的系统工程，涉及到林业、农业、水利、环保、国土、财政等多个部门。因此，区域水资源生态环境补偿机制需要建立相关地方行政部门之间的相互协作、配合和谈判的多方共享共建协商平台。

首先，建立各部门信息共享平台。水资源生态环境补偿是涉及生态系统、社会经济系统多方面的复杂性问题。广泛的信息共享和披露能够给各个行政区和部门提供有效的决策支持，保证相关利益各方之间充分而平等的协商，减少区域的生态补偿执行成本。通过信息共享平台实现各行政区在区域环境工作动态、敏感点环境质量、重大环境污染事件、环境项目需求、重点企业环境治理与设施运转情况等信息的共享，并定期将这些信息进行通报。按照公平、互利、区域共享的原则，建立区域环境信息资源统一的共享网络平台，对水资源生态补偿的相关事宜通告各行政主管部门和相关代表，增加生态环境补偿工作的透明度，为实现区域水资源生态补偿科学决策创造条件。

其次，建立各方生态环境补偿谈判机制。由于区域水资源生态补偿涉及各县市之间的跨界污染问题，因此，各方参与的谈判机制是保证补偿过程公平、公正的基础。各方之间的合作应是多方面的，可以通过多方协议的形式，明确不同区域水资源生态环境的要求和达标的补偿责任与不达标的赔偿责任。就目前来看，我国可以在目前排污许可证和总量控制政策基础上，优先将二氧化硫和水环境的化学需氧量排放作为交易对象，进一步建立和完善排污权初始分配制度和交易制度。此外，应建立区域统一认可并执行的环境法规、标准体系，包括统一的环境质量标准、行业污染排放标准、环境监测技术标准等。同时，在满足国家环境与产业发展总体要求的情况下，提出统一市场准入门槛。从区域发展角度出发，引导区域产业布局，形成区域产业发展合力。

2. 应急处理机制

生态环境污染的影响有时具有突发性，一类情况是偶然原因导致污染物在短期内大量排放造成水污染，如发生在 2005 年 11 月的松花江有毒化学品污染事件；另一类情况是污染物长期排放产生累积效应，最终在某个时间骤然造成水体严重污染，产生重大影响，如 2007 年 5 月太湖蓝藻暴发导致无锡市饮用水水源被污染就是一个典型的例子。从我国应对水污染事件的实践来看，政府往往关注的是事件发生后如何减轻影响，对如何预防事件发生重视不够。尽管及时有效地处置并减轻事件的影响是任何应急体系都非常重要的组成部分，但预防事件的发生更为重要。事件一旦发生，控制其对环境和人体健康造成的影响会更加困难和昂贵。

水资源生态补偿机制具有适时的环境监测信息共享机制与跨界协调机制，在预防和处理应急生态环境污染方面，具有一定的优势。区域水资源生态补偿委员会可以利用协商平台对可能出现的污染情况以及潜在影响开展风险评估，使各个相关机构和公众对可能引起事故的情景有充分的了解和认识。委员会还需要制订突发事件应急预案，明确在突发性水污染事件中各个组织机构的作用、职责、权力、任务和沟通渠道，定期进行跨组织的沟通交流和演习。当事故发生时，污染者有责任承担清理和赔偿费用。通过制定并严格执行适当的应急处理政策和法规防治污染是成本更低、效果更好的途径。

另外，公众处于生态环境污染突发事件第一现场，他们不仅需要了解在污染发生时如何避险的知识，更需要了解周边可能存在的污染情况，以便有效参与到污染防治的监督中，因此，向公众提供区域水域污染状况和污染防治方法也是非常重要的工作。公众参与水资源生态补偿越早，意外事件发生越少，区域水资源治理方案也越有效。

第四节　本章小结

本章对区域水资源生态补偿的共享共建平台进行了分析。水资源具有不同的空间和时间属性，因此区域水资源生态补偿需要采取多元主体、多种制度安排的治理形式。

首先，本书对府际协调的内涵和特征进行了分析，论述了其在区域水资源生态补偿中的重要性和可行性。

其次，本书运用演化博弈模型，分析了区域水资源生态补偿不同阶段的特点，证明了对生态建设和保护者的经济补偿是推动区域生态环境治理走向合作的重要手段，并进一步论述了区域水资源生态补偿府际协调机制建设的各类影响因素。

最后，本书从系统性、全局性和公众参与等角度分析了目前生态补偿协调机制的一些问题，并以公共治理的理论和原则为基础，指出区域水资源生态补偿协调机制的设置构想。

第四章 区域水资源生态补偿标准

第一节 确定区域水资源生态补偿标准的
依据和思路

区域水资源生态补偿标准的确定要根据区域经济社会条件，在区域各级政府能力范围内进行，根据区域生态环境和经济发展状况，逐步提高补偿标准，从而实现区域水资源生态环境的可持续发展。

一、确定区域水资源生态补偿标准的依据

（一）以生态效益作为水资源生态补偿依据

生态效益补偿是以水生态环境改善所增加的价值作为补偿的依据。从经济学的角度分析，生态效益补偿是一种特殊的生态产品交易形式，且交易的主体既可以是个人也可以是企业和政府等。在我国生态环境污染日益严峻的形势下，水资源生态效益作为商品，完全可以在价格等于边际费用向需求者出售。研究者认为，水源地生态供给者行为产生的效益包括经济效益和生态效益：经济效益主要根据所提供的水资源量按不同的价格，配置到不同行业和地区，扣除输水成本及加工成本而带来效益；生态效益则包括水资源的使用价值、选择价值和非使用价值三个层面。陈源泉和高旺盛采用生态足迹模型，指出国家宏观层面生态补偿量

为 $EC = \sum_{i=1}^{n} R\left[|EF_i - A_i| \times \dfrac{ES_i}{A_i}\right]$，其中，$EC_i$ 是国家或地区的支付/获得的生态补偿量（元/年）；EF_i：国家或地区的总生态足迹（hm^2）；A_i 是国家或地区调整后的各类生态系统的总面积（hm^2）；ES_i 是国家或地区的总生态系统服务价值（元/年）；R_i 是生态补偿系数。但效用是相对的，水资源生态补偿的标准同样也由提供者和受益者共同决定，对生态产品的提供者来说，补偿的标准是其提供的成本加上适当的利润，而对于生态产品的受益者来说，消费生态产品的边际效用才是水资源生态补偿的基础。

（二）以生态建设成本作为水资源生态补偿的依据

生态建设成本补偿是对提供区域生态服务或产品的各种投入成本进行计算，作为生态补偿依据，确保生态环境保护者的物质利益及区域生态环境的可持续发展。一般而言，水资源生态保护成本补偿有直接成本与间接成本两个方面：直接成本主要是区域上游为生态环境保护所开展的各项措施，包括在林业建设、水土流失治理和污染防治方面的人力、物力、财力的直接投入；间接成本则指为维护区域水资源生态功能，当地部分行业限制发展所造成的发展机会损失。如刘玉龙等从直接成本和间接成本两个方面对流域上游地区生态建设的各项投入进行汇总，通过引入水量分摊系数、水质修正系数和效益修正系数，建立流域生态建设与保护补偿测算模型，对新安江流域生态建设外部性的补偿量进行测算。赵旭等以武夷山市饮用水源保护区为研究案例，将饮用水水源保护者所付出的机会成本作为补偿标准，计算了补偿金额并将补偿标准折合成水费。

（三）以生态受益者的支付意愿作为水资源生态补偿的依据

生态受益者的支付意愿评估方法构造了生态环境物品的假想市场，通过调查获知生态受益者的支付意愿实现对生态价值增值的评估。Mitchell 认为，价值是人的主观思想对客观事物认识的结果，只有支付意愿（Willingness to Pay，WTP）才是一切商品和效益价值唯一合理的表示方法。在私人商品市场上，消费者在给定价格和收入约束下的购买行为反映了个人偏好，忽略市场不完美因素，此时价格就是商品价值的度量，引导资源的最优配置。由于支付意愿评估法简单易行，多年来这种方法得到了包括我国在内的世界上许多国家广泛应用。李英应用

CVM 对哈尔滨城市森林周边居民进行城市森林生态效益经济补偿支付意愿（WTP）调查，计算了居民生态补偿意愿，并分析了影响支付意愿和支付能力的因素。张志强、赵军、钟全林也采用条件价值评估法（CVM）分别对不同地区的生态系统服务的支付意愿进行了分析，计算了每户家庭最大支付意愿，分析了社会经济与支付意愿的关系。但支付意愿评估方法受到问卷的顺序效应、范围的不敏感、信息效应、诱导技术效应等因素的影响，其有效性和可靠性仍受到较多质疑。

当前，我国区域生态补偿机制仍处于试点阶段，距离真正实施尚有一段时间，其关键问题在于很难形成统一的生态标准。本书认为，区域水资源生态补偿标准确定既要坚持公平原则，也要从实际出发、循序渐进地推进区域水资源生态补偿机制的建立。由于不同地区经济发展水平不同，其水环境保护的投入成本在各地存在差异，以生态建设保护成本测量补偿额度虽然也包含了机会成本损失，但机会成本与生态环境保护之间复杂的因果关系，很难衡量水资源保护区发展机会损失，这在很大程度上是由生态环境保护引起的。以生态效益衡量区域水资源生态补偿金额，也由于各地水资源使用量没有明确的规定，生态效益难以完全等同于补偿。同时，在不同的时期，各地水资源生态补偿的内容和重点也不同，这需要各地根据地方的实际情况选择适合本区域生态补偿的方法。

总之，区域水资源生态补偿的测算标准，一方面，补偿标准需要简单、明确，复杂难懂的补偿标准看似全面科学，实践过程中，由于水资源生态环境属性的多样性和各地区部门对水资源拥有不同的权属，往往更容易产生各种矛盾；另一方面，补偿标准需要结合区域水资源生态补偿的类型和特点，制定合理的补偿标准，区域水资源生态补偿标准是动态变化的标准。在我国现阶段，由于社会经济发展水平、公众生态环境保护意识、制度发展水平等原因限制，完全补偿还有相当一段时间，这需要区域政府之间加强协商合作，有步骤地选择当前面临的紧迫的水资源生态补偿重点，推进区域水资源生态补偿机制建设。

二、确定区域水资源生态补偿标准的思路

（一）识别区域水资源生态补偿的类型

确定适合区域水资源生态补偿的标准前提是识别区域水资源生态补偿的类

型。从区域水源的流向和上下游水环境状况可以分为水资源生态环境污染损失补偿和生态环境保护补偿两种类型。水资源生态环境污染损失补偿主要表现为，上游地区工农业发展造成的水量超采和工农业排污造成的水质污染，水资源生态环境污染损失补偿主要从上游受益区补偿下游污染损失。生态资源保护补偿表现为上游保护水源地，限制某些工业产业发展造成的机会成本损失补偿和跨区调水的成本及水资源价值补偿，生态资源保护补偿主要是下游受益区对上游生态环境保护成本补偿。区域水资源生态补偿的类型不同，补偿的主体、内容和补偿标准的测算方法也不相同，因此识别区域水资源生态补偿类型是生态补偿标准确立的重要内容。

（二）界定区域水资源生态补偿的范围及主体

界定区域水资源生态补偿的范围及主体是划分区域内各地方水资源生态环境保护责任和筹集补偿资金的关键。区域水资源生态补偿的范围界定主要包括划定区域水资源生态补偿的空间范围以及内部各地方政府水质水量监测断面的确定。由于行政区之间跨界河流很多，特别是有些河网密集地区河流水文状况很复杂，流向也经常变化，所有跨界河流断面设立自动监测站需要大量成本，且也没有必要。这需要生态补偿管理委员会根据区域水文状况和监测成本费用，以及环保部门的技术水平和人力，协商选择主要的河流跨界断面。

水资源生态补偿的不同主体在补偿过程中的责任是不同的。我国水资源生态环境治理实行流域治理和地方行政区治理相结合的办法，这要求流域机构或区域生态补偿委员会应该将主要目光放在区域整体水资源治理上，在明确水权的条件下，通过双边或多边协议形式达成水量分配和确定水质标准。区域生态补偿委员会重点工作任务是通过流域环境管理机构来监测各行政区之间的水质、水量变化情况，并按照标准和要求对区域水资源生态环境进行管理。区域地方政府对辖区水环境有保护责任和为上游地区的生态保护及资源让渡负有补偿的责任。企业和公众是区域水资源生态补偿的重要主体，采用适当的措施鼓励企业和公众参与到生态补偿中，并认识到自身在生态补偿中的责任，对生态环境保护和补偿具有重要的意义。目前，我国许多地方的生态补偿主要依靠政府财政转移支付，说明生态补偿主体的界定仍然不明确，这必然会对生态补偿机制建设产生阻碍。

（三）明确区域水资源生态补偿的计量指标

区域水资源生态补偿的类型决定了补偿内容。水资源生态环境污染损失补偿是水资源生态系统在受到污染后恢复到原来状态所需费用。目前，我国污水处理厂采取的污水处理工艺为物理和生物组合工艺，主要污染因子（$CODcr$、NH_3-N、TP）在工艺运行中同时得到治理。污水处理行业通常以化学需氧量（$CODcr$）、氨氮、总磷作为代表性指标，检测水质变化。因此，区域中 $CODcr$、NH_3-N、TP 下降的治理成本，可以代表区域水资源生态补偿的计量指标。

水资源生态补偿主要是上游为了改善区域环境，提供更高质量的水资源生态环境质量，从而加强对流域水资源生态环境保护的投入成本补偿，以及为此限制部分产业发展带来的上游群众机会成本损失补偿。其中，上游环境保护的直接投入、林业保护投入、耕地退耕成本等指标比较容易计算；而限制部分产业发展的机会成本损失补偿则比较难以精确统计和确定。

（四）区域水资源生态补偿标准确定流程

区域水资源生态补偿标准受到多种因素的影响，在我国地区经济发展不平衡的条件下，不同区域补偿类型和标准是不同的。但就区域水资源生态补偿标准过程看，大体遵循下列程序，如图 4-1 所示。

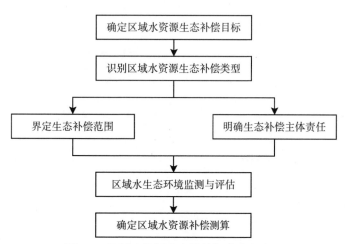

图 4-1 区域水资源生态补偿标准确定流程

第二节　区域水资源生态补偿标准的影响因素

一、社会经济发展水平

社会经济发展水平制约着区域水资源生态补偿标准的高低。区域水生态系统所能为人类提供的主要服务功能包括水产品、水电、内陆航运、文化、休闲娱乐、水调节、生物多样性保护、废物净化等多种生态环境服务。而由于人的需要的层次性，人的需求的偏好，资源的稀缺性，以及由此而引发的主体对水资源生态价值的差别，形成这些生态服务功能是分层分级的。一般而言，人类对水资源生态需求的主要特点表现为：

第一，在不同的经济发展阶段人类对水资源生态功能需求不断发展。大体上，人类对水资源的生态需求有生存需求、发展需求和享受需求。不同层级的水资源生态功能价值递增规则，从水资源的低级功能到高级功能，水的生态价值是递增的。当人类处于较低发展阶段时，生存需要是人类的主要需求，水资源的饮用功能是人类生存的基本功能。对水资源提供具有舒适性服务则无暇顾及。当人类社会物质性产品极大丰富时，人类不仅对水资源提供具有生存需求，对水资源提供的景观和娱乐功能的需求也空前高涨。换句话说，人类的水资源各类生态功能需求是社会发展到一定阶段的必然产物，随着生活水平的提高，他们对水资源各类生态功能的支付意愿不断增高。

为了能够准确地描述发展阶段对生态价值影响的特征，人们用皮尔（R. Pearl）生长曲线来表示不同发展阶段生态价值的变化趋势。其数学表达式为：

$$l = \frac{L}{1 + ae^{-bt}} \tag{4-1}$$

式中，a、b 是常数；l 是发展阶段指数；L 是 l 的最大值；t 是时间。

从皮尔生长曲线可以发现，水资源生态价值在社会经济发展过程中呈一条 S

形曲线（见图 4-2）。当 t = -∞ 时，也即表示社会极不发展阶段时，水资源生态价值为零；当 t = ∞ 时，l→L，也即表示社会高度发展阶段时，水资源生态价值为最大。

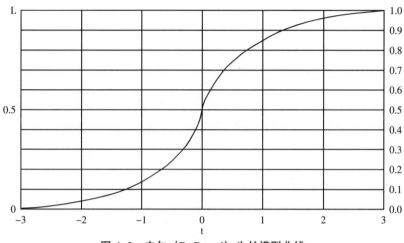

图 4-2 皮尔（R. Pear l）生长模型曲线

第二，受自身经济社会条件限制，不同利益群体对水资源的各类生态功能需求不同。水资源生态功能有许多种，分为不同的层次，每个层次的水资源生态功能受区域地理位置、经济条件等各类因素影响，其供给成本是不同的。这造成不同的群体对各类水资源生态功能的需求不同。如清洁饮用水是人们生存和发展的基础，也是生态补偿中生态供给的重要内容之一。通常上游地区水资源丰富且干净，上游群众对此需求不明显，而中下游地区受工业和城市生活垃圾的污染影响，下游河水污染严重，所以，下游地区群众对安全洁净的饮用水需求非常重视。同样，对下游农民而言，适于农业灌溉的水源是农民需求的，如浙江省东阳和义乌之间的水权交易，说明金华江下游的义乌市和金华市的居民都愿意支付一定的费用，以换取更纯净一点的水资源。而对于旅游者而言，良好的区域水资源生态环境必然会拉动对水上娱乐项目的消费，提高其景观价值，旅游者也有意愿为此支付补偿，以换取生态消费。

可以发现，在区域社会经济发展的不同阶段，水资源的稀缺性越来越大，水资源生态价值也不断提高。同时，在同一社会经济发展阶段，水资源消费群体受自身经济实力和生产生活需求影响，对水资源生态功能的需求支付意愿也不相同。因此，区域水资源生态补偿标准是动态的，在不同的时间和空间维度，其标准的制定需要结合特定的区域的社会经济条件，并符合绝大多数人的利益需求。

二、区域生态环境压力

通常，人们对水资源的影响方式有两种：一种是作为生产投入要素直接利用水资源，如饮用水、灌溉或水力发电等；另一种是通过生产活动间接影响环境资源，如生产中的废水、废气、废渣排放到生态环境中。无论哪一种影响，最终都需要区域生态环境进行容纳、消化和吸收。区域水资源生态系统是一个开放而复杂的具有自我调节功能的复合生态系统，其系统要素之间相互依存，能量互补。同时，水资源生态系统能以自身的内在机能和能量输出，抵御外部干扰或调适环境。在多种外力干扰和内在自组织机制下，水资源生态系统演化在外部的压力、拉力和内部的动力、张力作用下，沿着均衡轴向种类多样化、结构复杂化和功能完善化的方向演化。但水资源生态系统的这种自我反馈调节功能是有一定时空限度的。当外力或人为破坏超过水资源生态系统的"阈值"时，生态系统的自净化能力和再生能力逐渐下降，甚至丧失系统的这种再生能力。这是水资源生态补偿的主要依据，即在区域水资源生态环境容量范围之内，对区域经济生产活动进行限制，以使区域水资源生态系统和人类生产生活得以持续发展。

通常情况下，区域生态环境压力越大，群体对水资源生态服务需求越迫切，生态补偿标准越高。假设水资源生态系统自组织能力与外界干扰耦合在一个平面，系统演化如图4-3所示。

设水资源生态系统的演化状态为 S_i，导致水资源生态系统失衡的触发点和生态阈值分别定义为 S_1 与 S_2，这样生态系统的演化可分为3个阶段，即生态系统演化过程的可恢复状态 I：$[S_0, S_1]$；新平衡状态 II：$[S_1, S_2]$；崩溃状态 III：$[S_2, \infty]$。

从区域生态补偿的角度讲，在可恢复状态 I：$[S_0, S_1]$，区域水资源生态补偿标准较低，甚至不少地方无须进行生态补偿。在这一阶段，人类的活动在水资源生态系统可承受范围内，系统完全依靠自组织能力可消纳或转化熵增的负面压

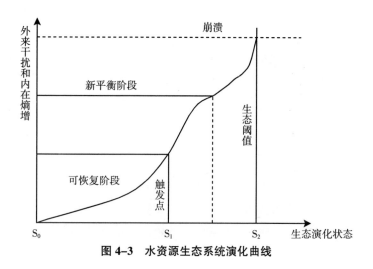

图 4-3 水资源生态系统演化曲线

力，所以无须进行物质能量的补偿区域水资源生态系统依然可保持其良性循环，以维持其对人类社会可持续发展的支撑能力。

在新平衡状态 II：$[S_1，S_2]$，人类不适度地开发和利用区域水资源，使区域水生态系统自身已无法通过自组织进行调节恢复，需要建立相应的社会补偿机制，对自然生态系统和相关生态保护群体进行适当的物质和经济补偿，以有利于区域水资源生态系统和社会经济系统实现可持续发展。此时，区域水资源生态系统状态随着 S_i 向 S_2 趋近，补偿标准越高。原因在于：一是当 S_i 趋近于 S_2 时，区域水资源生态系统受到的破坏越大，所需生态系统物质投入的恢复成本越高。如我国太湖流域治理在"九五"期间，用 100 亿元进行了水污染防治，"十五"期间又投入 168.7 亿元，但太湖水污染治理形势仍不容乐观。二是当 S_i 趋近于 S_2 时，清洁的水资源生态环境更加稀缺，相关群体对此需求也更迫切，愿意支付的生态补偿标准也就更高。理论上，区域水资源生态补偿标准应达到使水资源生态系统的自组织机能能够得以恢复和生态保护区居民生产生活与生态开发区之间的可持续发展。这就意味着，在一些情况下，区域水资源生态补偿费用可能远高于人类从生态系统中获取的资源价值。

在 $[S_2，∞]$ 阶段，区域水资源生态系统处于崩溃状态 III，受生态系统影响，区域居民的生产和生活质量严重下降。此时，即使补偿的投入超过地区国民生产总值，其收效也非常缓慢。

可以发现，区域水资源生态系统是否需要补偿，何时补偿和补偿"额度"，既是客观的实践问题，也是理论探索的焦点和难点。当生态系统处于 $[S_2，\infty]$ 阶段时，补偿的效果已经非常低，所以，区域水资源生态补偿主要在 $[0，S_2]$ 阶段。其中，在可恢复状态 I：$[S_0，S_1]$，虽然区域水资源生态系统具有良好的自组织功能，但从社会经济角度看，这与上游居民和企业的生态环境保护是紧密相关的，对其进行经济补偿可以达到区域经济社会的可持续发展，激励上游区域持续地进行水资源生态保护。当区域水资源生态系统处于 $[S_1，S_2]$ 阶段时，补偿不仅包括对区域生态修复的物质投入成本，还应包括区域内生态环境保护的经济补偿，以维系和增强区域水资源生态系统的自组织机能的良性运转和区域社会经济系统的可持续发展。

三、相关利益群体的力量

区域水资源生态补偿是区域生态资源的利益分化、重组与调整的过程。相关利益主体会根据自己控制的资源，利用现行的制度结构，最大化自身的利益目标。可以说，区域水资源生态补偿过程就是不同利益主体协商、博弈与互动的过程，而补偿标准是各方利益相关群体相互协商的结果。因此，不同利益相关群体的影响力是对生态补偿标准的确定重要因素之一。

根据美国学者米切尔等的理论，利益相关者的认定和特征识别是区域水资源生态补偿的核心问题。利益相关者的特征可以从三个方面分析：①合法性，即相关利益主体是否有法律和道义上或是特定的对水资源生态效益的索取权；②影响力，相关利益主体是否有影响生态补偿标准确定的地位、能力和手段；③紧迫性，相关利益主体的要求能否推动或促进补偿标准的商定。从区域水资源生态补偿利益相关者与这三个特征的关系，可以将它们分为三类：确定的利益相关者、预期的利益相关者和潜在的利益相关者。当然，随着社会条件、经济体制和其他因素的变化，这三类利益相关者也是变化的。

区域水资源生态补偿的利益相关者包括中央政府、地方政府、污染企业、林业运营管理机构、水库管理运营机构、污水处理企业、风景旅游区管理机构、媒体、渔民、林农、农民、城市居民、专家学者、生态环境监测机构等，它们在生态补偿的目的、合法性、影响力和紧迫性方面都有差别（见表 4-1）。这些利益相关者之间的关系结构和利益互动，对区域水资源生态补偿标准的确定产生了关键影响。

表 4-1 区域水资源生态补偿利益相关者

利益相关者	合法性	影响力	紧迫性
确定的利益相关者			
中央政府	高	高	高
地方政府	高	高	高
林业运营管理机构	高	高	中
水库管理运营机构	高	高	中
风景旅游区管理机构	高	高	中
污染企业	高	高	中
环保企业	高	高	中
渔民	高	低	低
林农	高	低	低
农民	高	低	低
城市居民	高	低	低
预期的利益相关者			
环保 NGO	中	高	中
专家学者	低	中	中
生态环境监测和研究机构	中	高	中
潜在的利益相关者			
媒体	低	高	中
其他政府部门	低	中	中

区域水资源生态补偿标准取决于利益相关者之间对其利益的认识，以及实现生态利益的影响力和手段。

政府作为区域水资源生态环境的管理者是区域生态治理的关键利益相关者。在 1997 年的《世界发展报告》中认为，世界银行将"保护环境和自然资源"归纳为现代政府五项最基本的责任之一。张成福指出，在市场经济条件下，环境管理是政府的主要责任之一，他认为市场本身不具备保护环境的能力，反而经常是环境破坏的动因，政府必须承担起保护环境和自然资源的责任，即使是利用市场手段保护环境，也需要在政府的监督下实施。从宏观方面看，政府通过生态环境保护政策的建设给区域水资源生态补偿确定基本的框架；从微观方面看，政府通过具体的政策手段，对区域水资源的分配进行干预，从而影响生态补偿标准。

水库、风景区、林业营运管理机构对区域水资源生态系统的部分属性拥有经营和管理的权力，其经营既受到生态环境质量的影响，对生态环境的保护也有重要贡献，因此这些组织是区域水资源生态补偿的重要利益相关者。这些机构组织可以通过提供相关生态产品的数量和质量，与有生态环境需求的相关群体或政府进行协商，就水资源生态服务的补偿标准达成协议。通常，在区域狭小的空间范围内这些机构组织的数量是有限的，所以此类机构的影响力比较高，且具有推动区域水资源生态补偿的能力。

企业不仅是区域经济的基本组织，也是区域生态环境共同治理不可或缺的责任主体。一方面，企业应按照法律法规的要求，自觉履行"谁污染谁治理"制度，主动交纳排污费等；另一方面，企业应在追求利润的同时，积极承担环境保护的社会责任，努力降低环境污染，主动提出生态补偿，积极参与区域水资源生态保护建设。虽然现代环境技术已经能做到在线监测，但大量企业排污监测成本非常大，尤其是一些中小企业，排污量虽然较少，总量却非常大，而地理位置相对分散的特点使监测更加困难，这就造成企业会利用各种方式进行排污。同时，企业是地方经济发展的支柱，在"经济发展为中心"思想的指导下，地方政府对企业的超标排放很难严格进行处罚，企业会与地方政府达成某些平衡，从而影响区域水资源生态补偿的标准。

环保 NGO 是指那些独立于政府之外的、不以营利为目的的、志愿性的环保社会组织，是区域水资源生态环境治理的重要主体。环保 NGO 在我国的影响越来越大，其动员社会各方力量和资源参与环境保护与建设的优势，不仅弥补了政府在环境保护与建设方面的信息不完全与资金不足，在实现政府与社会的良性互动、提高治理绩效方面也发挥着不可替代的作用。环保 NGO 通过推动公众参与区域生态环境保护，维护公众自身生态环境利益以及与政府良好的合作关系，对区域水资源生态补偿标准确定有特殊的作用。

公众是区域水资源生态补偿的最基本的力量，既包括生态环境的保护者、建设者，也包括生态环境消费者。公众参与是区域水资源生态补偿的内在要求，是维护公众环境权的重要途径。公众参与是区域水资源生态补偿标准的确定重要环节，没有公众的认可，补偿标准的执行将缺乏合法性。同时，公众参与能够提供生态补偿标准多方面的意见，对达成区域水资源生态补偿标准的共识有重要作用。但目前，我国的环境保护法律法规虽然明确表明维护和尊重公众在生态环境保护中的利益和重要作用，但公众如何表达在生态环境保护中的利益诉求，以及如何保护群众在生态开发中的利益，并没有严格且明确的规定。由于集体行动的困境，公众的影响力和紧迫性还比较低。在区域水资源生态补偿标准中，体现公众的利益诉求还需要各方面的努力。

环境保护专家和研究、监测机构具有专业上的优势，掌握比较全面的区域水资源生态环境信息。另外，这些专家和研究机构与政府的紧密关系，对生态补偿标准的确定也有重要影响。

第三节　区域水资源生态补偿标准测算模型

在区域社会经济发展的不同阶段，区域水资源生态补偿的目标和内容存在差异，所以区域水资源生态补偿的测算方法也不同。

一、区域水资源生态污染损失补偿模型

区域水资源生态污染损失补偿主要是针对上游持续的污染进行的补偿。在此类补偿过程中，上游持续的超标排放表明，上游地区不存在因环境保护而牺牲本地区发展机会的成本，而下游在没有受到突发性水污染时，其损失很难得到准确测算。此时，区域水资源生态补偿的测算可以通过区域跨界断面的水质和水量标准，测算地方政府之间的补偿量。

水质评价指标和方法

1. 水质评价指标

根据 2002 年国家环保总局公布的《中华人民共和国地表水环境质量标准》（GB 3838—2002）规定，我国河流水质评价一般应包括水温、pH 值、COD、氨氮（NH_3–N）、总磷（以 P 计）、挥发酚、氰化物、砷、汞、铬、镉、石油类等参数。通常情况下，区域水资源生态环境监测评估，可由区域地方政府之间协商选择部分主要污染参数。

2. 水质模糊综合指数评价方法

在我国生态补偿试点过程中，绝大多数地区的水质评价运用了单因子评价方法，这与水污染的综合处理存在矛盾，不利于有效测算污水处理成本。水体水质是一个多因素耦合的复杂系统，各种因素间关系错综复杂，表现出极大的不确定性和随机性，因此各个污染指标级别的划分、标准的确定都具有模糊性，而且水体水质是一个连续渐变的过程。因此，采用基于多个水质指标的模糊综合指数评价在水质综合评价中具有明显的优势。

模糊综合指数评价是利用污染物因子的实测浓度与其评价标准相比较，建立线性函数关系式，计算出各污染因子对各级水的隶属度组成模糊矩阵，再通过计算隶属度矩阵与权系数矩阵相乘，即可得出综合评价结果。

根据《中华人民共和国地表水环境质量标准》（GB 3838—2002）把水质分为五级，评价集 = {I，II，III，IV，V}。确定各个单项因子的隶属函数，采用以下公式：

$$\mu(x) = \begin{cases} 1 & 0 \leq x \leq a_1 \\ \dfrac{a_2 - x}{a_2 - a_1} & a_1 \leq x \leq a_2 \\ 0 & a_2 \leq x \end{cases} \tag{4-2}$$

式中，x 是样本中评价因子的实测值；a_1、a_2 是相邻两水质等级的标准值；$\mu(x)$ 是某种元素的隶属度。设参与评价水环境质量的因子有 n 个，则水体水质的 n 个指标检测数值为 U{μ_1，μ_2，…，μ_n}；设有 m 种不同的评价等级，它们组成评价集 V {v_1，v_2，…，v_m}，集合中 v_j 是与 μ_i 对应的评价标准集合。γ_{ji} 是第 i

种污染物的环境质量数值被评为第 j 类环境质量的可能性，得出 U、V 之间模糊关系矩阵 R：

$$R = \begin{bmatrix} \gamma_{11} & \gamma_{12} & \cdots & \gamma_{1m} \\ \gamma_{21} & \gamma_{22} & \cdots & \gamma_{2m} \\ \cdots & \cdots & \cdots & \cdots \\ \gamma_{n1} & \gamma_{n2} & \cdots & \gamma_{nm} \end{bmatrix} \tag{4-3}$$

模糊关系矩阵 R 代表了每一个污染因子对每一级水体质量标准的隶属程度，即隶属函数。

各单项评价指标与评价标准的数值关系不同，单项指标超过标准越多，其影响越大，只有当污染物达到一定浓度时才产生危害，所以采用权重计算方法更为合理：

$$A_i = \frac{\dfrac{C_i}{S_i}}{\displaystyle\sum_{i=1}^{n} \dfrac{C_i}{S_i}} \tag{4-4}$$

式中，A_i 是第 i 种污染因子的权重，C_i 是第 i 种污染因子的浓度数值，S_i 是第 i 种污染因子 m 个集合的算术平均值，$(S_i = \dfrac{1}{m}\displaystyle\sum_{j=1}^{m} S_{ij})$。则因素集 U 中各污染因子在水体质量诸因子中的权重系数 A_i 在（i = 1，2，…，n）构成模糊子集：A = $(A_1,\ A_2,\ \cdots,\ A_n)$，$\displaystyle\sum_{i=1}^{n} A_i = 1$。

这样，对于 n 个评价指标的综合评价矩阵可以表示为 B = A × R。构造评价集标准向量：$S^T = (1,\ 2,\ \cdots,\ m)$，从而模糊综合指标 FCI = B·S。

二、水量评价指标和方法

徐大伟等在研究跨界生态补偿量时，基于地方政府 GDP 贡献度，提出了水量分配模型：

28

$$L_i = Q_i^* (1 + G_i) = \frac{Q_i^{out}}{Q_i^{in}} \left(1 + \frac{GDP_i}{\displaystyle\sum_{i=1}^{m} GDP_I}\right)$$

式中，L_i 为某条河流经该行政区域的水流量指标；Q_i^* 为该流域行政区的河流总水量系数；G_i 为该行政区的总产值占全流域行政区总产值的比重；GDP_i 为该行政区 GDP 的总产值；Q_i^{in} 为经过该行政区界的河流总汇入水量；Q_i^{out} 为经过该行政区界的河流总流出水量；m 为该河流所流经的同级行政区域总数。本书认为，该模型从 GDP 贡献值角度分配行政区水量，违背了我国水量分配的公平和公正的原则，势必造成各地过度开发利用水资源问题。另外，将所有的过境水量都纳入生态补偿也不符合水污染的实际情况。

实际上，我国的区域水资源分配，一方面受供水能力和需求的影响，需要统筹安排上、下游生活、生产、生态与环境用水；另一方面也需要妥善处理上、下游用水中的水资源条件、供用水历史等因素。就区域水资源生态污染损失补偿而言，主要水量指标应是对下游有污染影响的水量。因此，区域流量指标应为：

$$Q_i = \alpha Q_i^{out} = Q_i^{out} \times \frac{Q_i'}{Q_i^{in}} \tag{4-5}$$

式中，Q_i 为该行政区域的污水流量；α 为对下游有污染影响的水量比；Q_i^{out} 为经过该行政区界的河流总流出水量；Q_i^{in} 为经过该行政区界的河流总汇入水量；Q_i' 为该行政区污水排放量。

三、基于水质水量的区域水资源生态补偿模型

在确定了区域水质指标和水量指标的基础上，通过区域河流的行政区水质、水量监测断面的监测数据，可以计算出各行政区的水资源生态补偿量（即补偿标准）：

$$W_i = (FCI - FCI') \times Q_i \times \kappa \tag{4-6}$$

式中，W_i 为特定行政区水资源生态补偿量；FCI' 为区域各行政区之间河流断面水质目标值；Q_i 为该行政区域的污水流量；κ 为污水超标每个等级补偿费用。κ 的确定可以结合区域污水处理费用与当地经济社会条件协商确定。

可以发现，当 FCI > FCI′时，说明某监测时段，该行政区水资源污染程度高于区域政府之间协商的水质保护目标，给下游水生态环境带来了损失，因此上游行政区应当承担相应的补偿 W_i；反之，当 FCI < FCI′时，说明某监测时段，该行政区水资源污染程度低于区域政府之间协商的水质保护目标，为下游行政区经济社会的可持续发展做出了应有的贡献，因此下游行政区应当给予上游适当的补偿 W_i；当 FCI = FCI′时，说明某监测时段，上游行政区刚达到区域水资源保护目标，因此两个行政区之间无须进行补偿。

四、区域水资源生态补偿标准的动态变化

区域水资源生态补偿标准中，FCI′和 κ 值不是一成不变的，而应当随着当地生态环境容量、生态治理成本和时空变化而相应地进行调整。其具体数值可以由上下游水资源生态补偿主体之间结合区域生态环境治理的总体规划，通过多方的协商确定。

本书认为，基于区域水质水量的生态补偿是一种阶段补偿方式，主要适用于区域水资源生态环境处于水资源生态系统演化的 [S_1, S_2] 阶段。在此阶段，地方粗放式的经济发展模式惯性，很难在短时间内得到改善，加之生态补偿制度的建立之初也有许多的阻力，基于水流水量的区域补偿模型的优点在于：一是补偿目标比较明确，方式也相对简单容易形成大多数利益相关主体的共识；二是补偿标准的测算非常明确，虽然水量和水质的监测误差有时较大，但测算的指标非常具体，使补偿主体之间的协商易于进行；三是补偿涉及的主体相对较少，相关利益者之间关系简单，受到的阻力相对较少，在生态补偿机制建立之初，有利于迅速实施。

五、区域水资源生态保护补偿模型

由于水质水量补偿模型没有考虑对上游为维护和保持区域水资源生态环境成本及机会损失的补偿，将造成上游地区缺少对本地生态环境持续投入的激励。所以，当上游行政区水资源生态环境逐渐恢复，并为区域下游地区持续提供优质水源时，区域水资源生态补偿模型应进行调整，逐步建立区域水资源生态保护补偿模型。

区域水资源生态保护补偿包括区域水资源保护和建设成本以及发展机会成本。部分学者认为，区域生态补偿还应包括生态环境建设中的生态效益增值部分，本书认为，生态环境所提供的生态产品种类繁多，逐一计量还存在很多计量问题，同时生态补偿是涉及补偿主体双方的问题，生态产品还有一个需求的问题，我国仍处于社会主义初级阶段，生态效益增值补偿超过了当前国民的承受能力。就区域水资源生态补偿而言，准确区分水资源保护给下游带来的生态效益和影响范围，其成本也是非常大的，所以综合考虑这些因素，本书认为区域水资源生态保护补偿主要以保护和建设投入成本及发展机会成本补偿是比较合理的。

（一）生态环境保护的直接成本补偿

区域水资源生态环境保护的直接成本投入包括：水源地建设成本、上游水土保持建设成本、退耕（牧）还林（草）和退田还湖的成本以及生态移民成本。由于这些生态工程具有较大的正外部效益，且排他性费用很高，很难通过市场回收成本，因此需要在政府主导下进行生态补偿。根据水资源保护工程建设投资成本和年均收益率，可以估算其每年所产生的成本。

$$C_k = \lambda \times \sum P_j \cdot \left[\frac{i(1+i)^n}{(1+i)^n - 1} \right] \tag{4-7}$$

式中，C_k 为水资源生态建设和保护受益群体 k 的年成本补偿数额；P_j 为水资源生态建设或保护项目 j 总投资；i 为年利率；n 为补偿年数；λ 为补偿系数。

为实现区域水资源生态系统和社会经济的可持续发展，必须使生态环境保护和建设能够获得应有的回报。从受益者经济承受能力角度看，等额支付可以解决公共生态环境治理的投资补偿问题。为尽量保证补偿过程的公正、公平，还需要识别各类水资源生态建设或保护项目 j 对不同受益群体 k 的影响程度 λ，对年度补偿进行适当分摊。

（二）产业结构调整损失补偿额的计量

推动上游地区产业结构调整，促进区域水土保持和水质改善，是区域水资源保护的基本办法。其直接表现是上游地区的农、林、牧各产业的结构调整，在产业结构调整中既有收益，也有损失，收益主要是经济林产品，损失主要是原来的经济作物损失。由于这种产业结构调整主要是从区域整体生态环境保护而不是地方产业经济发展角度考虑，在此过程中遵循的是区域水资源生态效益最优原则，而非经济效益最优原则。因此，此类产业结构调整损失应该理解为区域水资源生态建设的经济损失。从整个区域生态、经济可持续发展角度看，受益区有责任为上游地区产业结构调整而产生的经济损失进行补偿。它的计算结构可表示为：

$$V_{结构损失} = V'_{行业年度损失} - V_{收} = \sum L_i P_i - \sum L_j P_j \qquad (4-8)$$

式中，$V_{结构损失}$为上游地区水资源生态建设和保护的年度产业结构调整经济损失；$V'_{行业年度损失}$为各行业调整的年度损失之和；$V_{收}$为产业结构调整所获得的经济收入，如林产品、果产品等；L_i为建设前 i 土地利用类型的面积；P_i为 i 类型土地的单位面积年产值；L_j为建设后 j 土地利用类型的面积；P_j为 j 类型土地的单位面积年产值。结构性调整的净损失随着上游地区经济发展达到一定阶段后会逐年减少，当净损失减为零时，这项补偿内容将不存在。

（三）发展机会损失补偿

区域水资源生态环境保护还使水源区的部分工业产业受到一定程度的限制，从而影响了本地经济的发展。但实践中，由于限制企业发展造成的经济损失及其对地区经济的影响难以精确统计和确定，张陆彪等均采用相邻地区的人均可支配收入与本地人均可支配收入对比，给出相对其他条件相近的县市居民收入水平的差异，从而反映发展权的限制可能造成的经济损失，作为补偿的参考依据。

$$C_e = (R_{tc} - R_{ic}) \times P_{ic} + (R_{tw} - R_{iw}) \times P_{iw} \qquad (4-9)$$

式中，C_e为水源保护区发展机会损失年度补偿总额；R_{tc}为参照县市城镇居民人均可支配收入；R_{ic}为水源保护区城镇居民人均可支配收入；P_{ic}为水源保护区城镇居民人口；R_{tw}为参照县市农村居民人均可支配收入；R_{iw}为水源保护区农村居民人均可支配收入；P_{iw}为水源保护区农业人口。

为合理分摊区域水源地保护的发展机会成本，可以结合各行政区的经济发展水平、取水量和排污量等确定分摊系数。补偿分配系数可由下式求出：

$$\lambda_i = \frac{\alpha F_i + \beta Q_i + \gamma W_i}{\sum_{i=1}^{n} (\alpha F_i + \beta Q_i + \gamma W_i)} \qquad (4-10)$$

式中，λ_i为补偿分配系数；F_i为受益区发展阶段系数，可由皮尔生长曲线得出；Q_i 为受益区取水比例；W_i 为受益区污水排放比例系数；α、β、γ 分别是受益区经济发展水平、取水量和排污量的权重系数，可通过专家调查的方式确定。通过将 F_i、Q_i 和 W_i 进行归一化处理后，可以计算出区域内各地在区域水资源生态补偿发展机会成本的分摊份额。

六、区域水资源生态服务补偿支付意愿模型

区域水资源生态系统的服务不仅包括维持生物的生产力、调节局部地区气候、维持土壤肥力等直接的使用价值，水资源生态系统在支持社会经济活动和其他活动上的间接使用价值（又称生态功能价值），还包括水资源的代偿价值（Vicarious Value）、遗赠价值（Bequest Value）和存在价值（Existence Value）等非使用价值。通常情况下，这些生态功能价值和非使用价值容易被忽略，也不易被定价。

由于水资源所涵盖的生态价值无法全部通过市场机制反映出来，此时，必须找寻其他的方法以衡量出这些价值，通过"条件评估法"（Contingent Valuation Method，CVM）建立"虚拟市场"，并由问卷对受访者调查的方式是最为常见的方法。

条件评估法概念起源于 Ciriacy-Watrup 于 1947 年提出通过"直接访问"的方法引导出个体愿意支付的价格来估计自然资源有关的价值，但当时并未真正使用。其后，1963 年才由 Davis 首度应用到游憩资源的规划评估上，直到 20 世纪 70 年代中期，Randall、Ives 与 Eastman 等才予以明确界定，自此条件评估法开始蓬勃发展并逐渐广泛应用于衡量各式各样自然资源的价值评估上。

从区域水资源生态补偿角度而言，条件评估法是可以借由假设水资源市场的建立，通过问卷调查使人们显示出对于水资源生态环境价值的评价，由于受访者不必要对水资源的某种生态价值有某种形式的使用，因此可以衡量水资源生态环境的除了使用价值之外的非使用价值部分，故欲同时评估水资源的使用价值与非使用价值，条件评估法是比较理想和可行的方法。通过对包括受访者的基本属性调查，区域水资源生态价值的评估和受访者特性建立合理的假设，将受访者的支付意愿假设为下列函数式：

$$W = (B, N, K, I) \tag{4-11}$$

式中，B 为不同程度生态环境质量的询价金额 BID，N 为受访者的环境信念 (New Ecological Paradigm)；K 为受访者对生态工程的知识程度（Knowledge）；I 为受访者的年收入（Income）。

当我们估算区域水资源生态环境保护的总效益时，假设水资源生态环境服务的愿意支付价值（WTP）为：

$$WTP = f(Q, S, T, R) \tag{4-12}$$

式中，Q 为区域水资源水质和水量；S 为受访者的社会经济变量；T 为受访者的偏好变量；R 为受访者对生态工程相关信息的了解程度。

第四节　本章小结

本章论述了区域水资源生态补偿标准的确定。首先，本书分析了目前我国各地试点的生态补偿标准确定依据，指出区域水资源生态补偿的测算标准需要简单、明确，应结合区域水资源生态补偿的类型和特点，制定合理的补偿标准，区域水资源生态补偿标准确定应遵循：识别类型界定范围和主体明确计量指标程序。

其次，本书阐述了区域经济发展水平和生态环境压力对补偿标准的影响，指出了生态补偿内容应适应不同的经济和生态水平的变化。区域水资源生态补偿标准也是各方利益相关群体相互协商的结果，不同类型的利益相关者在确定补偿标准过程的影响力也是不同的。

最后，本书从补偿标准的动态性出发，指出，基于区域水质水量的生态补偿是一种阶段补偿方式，主要适用于区域水资源生态环境处于水资源生态系统演化的新平衡状态阶段。当上游行政区水资源生态环境逐渐恢复时，区域水资源生态补偿模型应进行调整，逐步建立区域水资源生态保护补偿模型。同时，区域水资源生态补偿也可以采用基于"虚拟市场"的支付意愿模型。

第五章　区域水资源生态补偿模式

第一节　区域生态补偿模式的经验借鉴

一、国外生态补偿模式的实践经验

（一）美国流域生态补偿方式的实践

为加大流域上游地区对生态保护工作的积极性，美国政府采取了由流域下游受益区的政府和居民向上游地区做出环境贡献的居民进行货币补偿的政策。在补偿标准的确定上，美国政府根据各地自然和经济条件，由各地遵循责任主体自愿的原则竞标确定生态功能服务补偿。

在美国，生态补偿实践的典型代表是纽约市与上游 Catskills 流域（位于特拉华州）之间的清洁供水交易。纽约市约 90% 的用水来自于上游 Catskills 和特拉华河。1989 年美国环保局要求，所有来自于地表水的城市供水，都要建立水的过滤净化设施，除非水质能达到相应要求。在这种背景下，纽约市经过估算，如果要建立新的过滤净化设施，需要投资 60 亿~80 亿美元，加上每年 3 亿~5 亿美元的运行费用，则总费用至少要 63 亿美元。而如果对上游 Catskills 流域在 10 年内投入 10 亿~15 亿美元以改善流域内的土地利用和生产方式，水质就可以达到要求。因此，纽约市经过比较权衡之后，最后决定通过投资购买上游 Catskills 流域的生态环境服务。

在政府决策得以确定后，水务局通过协商确定流域上下游水资源与水环境保护的责任与补偿标准，通过对水用户征收附加税、发行纽约市公债及信托基金等方式筹集补偿资金，补贴上游地区的环境保护主体，以激励他们采取有利于环境保护的友好型生产方式，从而改善 Catskills 流域的水质。

（二）德国流域生态补偿的实践

易北河的生态补偿政策是德国流域生态补偿实践中比较成功的案例。易北河贯穿于两个国家，上游在捷克，中下游在德国。1980 年前，易北河流域缺少合作机制，水质日益下降。1990 年后，为减少流域两岸排放污染物，改善农用水灌溉质量，保持两河流域生物多样性，德国和捷克达成共同整治易北河的协议，成立了双边合作组织。

根据协议，双方在两岸流域设立了 200 个自然保护区，并禁止在保护区内建房、办厂或从事集约农业等影响生态保护的活动。经过一系列的努力，目前易北河上游的水质已基本达到饮用水标准，起到了明显的经济效益和社会效益。

在机构设置上，双方设置了 8 个专业小组：行动计划组负责确定、落实目标计划；监测小组确定监测参数目录、监测频率，建立数据网络；研究小组研究采用何种经济、技术等手段保护环境；沿海保护小组则主要解决物理方面对环境的影响；灾害组的作用是解决化学污染事故，预警污染事故，使危害减少到最低限度；水文小组负责收集水文资料数据；公众小组以及法律政策小组从事宣传工作，每年出一期公告，报告双边工作组织、工作情况和研究成果。

在经费方面，目前的来源主要有以下几个部分：财政贷款；研究津贴；排污费以及下游对上游的经济补偿。2000 年，德国环保部拿出了 900 万马克给捷克，用于建设捷克与德国交界的城市污水处理厂，在满足各自发展要求的同时，实现了互惠互赢。

（三）日本流域生态补偿实践

在 1972 年，日本制定了《琵琶湖综合开发特别措施法》，这在建立对水源区的综合利益补偿机制方面开了先河。在 1973 年制定的《水源地区对策特别措施法》中，这种做法变为普遍制度而固定下来。目前，日本的水源区所享有的利益补偿由三部分组成：水库建设主体以支付搬迁费等形式对居民的直接经济补偿；

依据《水源地区对策特别措施法》采取的补偿措施；通过"水源地区对策基金"采取的补偿措施。

（四）哥斯达黎加流域生态补偿实践

哥斯达黎加采取了政府主导下的国家林业基金进行生态补偿交易制度。例如，位于Sarapiqui流域、为4万多人提供电力服务的Energia Global私营水电公司，为保证正常发电水量，并减少水库的泥沙沉积，Energia Global委托政府基金要求上游私有土地主将他们的土地用于造林、从事可持续林业生产或保护有林地，并按照18美元/每公顷土地的标准向哥斯达黎加国家林业基金提交资金，国家政府基金另外再添加30美元/每公顷土地，以现金的形势支付给上游的私有土地主。而对于那些刚刚采伐过林地或计划用人工林来取代天然林的土地主将没有资格获得补助。

（五）厄瓜多尔流域生态补偿的实践及模式

巴西的法律规定，在亚马孙河流域范围内，任何土地使用者必须保证在其所拥有的土地上，使森林覆盖率保持在80%以上。同时，政府允许那些从农业生产中获得较高收益但违反了国家法律规定的农户，向那些把森林覆盖率保持在高于80%以上的农户购买其森林采伐权，从而使整个地区的森林覆盖率努力保持在国家所规定的80%的标准。这种机制有利于提高土地的利用效率和生态效益，而且交易成本很低。

二、国内生态补偿模式的实践经验

为全面落实科学发展观、建设资源节约型和环境友好型社会以及和谐社会，中央领导和中央文件都明确提出抓紧建立生态补偿机制的要求。近年来，我国部分省、自治区、直辖市对于生态补偿机制进行了积极的探索与实践，取得了一定的经验。

（一）流域生态补偿机制

1. 浙江钱塘江流域生态补偿

钱塘江流域的生态补偿目的在于，改善钱塘江流域水源涵养功能，加强污染防治，特别是工业污染和生活污染治理。为此，首先，浙江省划分了钱塘江流域水源涵养的重要区域，并结合水质功能区划确定各行政辖区的水质标准，通过建立全流域范围内的行政辖区出入境水质自动监测系统，由省环保部门直接监控各行政区主要河流水质水量状况；其次，浙江省政府根据钱塘江流域内不同断面的水质标准，建立一套环境绩效考核指标体系，以环境监测数据为依据，对各级政府进行检查和考核，判断各行政区生态补偿数额；最后，利用部分浙江省生态建设和保护相关的专项资金和政府财政新增资金，建立生态补偿的专项资金，加强生态环境综合整治和生态建设项目的补偿。

2. 浙江德清县生态补偿机制

德清西部地区是全县主要河流的源头和重要的水源涵养区。2005年德清县政府制定了《关于建立西部乡镇生态补偿机制的实施意见》，并下发了《关于印发德清县西部乡镇生态补偿资金缴纳和使用管理办法的通知》，对生态补偿机制的原则、生态补偿的范围、生态补偿资金的筹措、生态补偿资金的使用等做了明确规定。

按照《实施意见》的要求，德清县从6个渠道筹措，进行专户管理。生态补偿资金主要包括县财政每年在预算内资金安排100万元；从全县水资源费中提取10%；在对河口水库原水资源费中新增0.1元/吨；从每年土地出让金县的部分中提取1%；从每年排污费中提取10%；从每年农业发展基金中提取5%。2005年，共筹措生态补偿资金1000万元。

生态补偿资金的使用范围主要包括：生态公益林的补偿和管护；以日常生活垃圾处理为主的环境保护投入；西部地区环境保护基础设施建设；对河口水源的保护；因保护西部环境而关闭或外迁企业的补偿；其他经县政府批准的用于西部生态环境保护事业的补偿。

建立乡镇财政保障制度。首先，针对由于中央税收改革带来西部乡镇财政收入减少的现状，县财政通过转移支付补足。其次，针对西部乡镇在保护生态环境方面所做的牺牲，县财政增加生态保护补偿预算资金，列入每年度财政预算，使西部乡镇工作人员的工资达到全县乡镇平均水平。

3. 山东省重点流域生态补偿

山东省政府实施的生态补偿试点涉及南水北调黄河以南段及省辖淮河流域、

小清河流域的 12 个市 69 个县（市、区），是南水北调和山东"两湖一河"（南四湖、东平湖和小清河）流域的重点区域。补偿主要根据市县为实施国家和省环境保护规划、污染减排计划而做出的贡献和付出的额外成本，合理确定补偿对象，并按相应标准和方式进行补偿。

补偿资金由山东省与试点市、县共同筹集。山东省级补偿资金额度原则上不少于各市安排的补偿资金。省财政安排的涉及农业面源治理、水土保持以及利用世界银行、外国政府贷款等方面的资金，也将重点向试点地区倾斜，以提高生态补偿的综合效益。各市安排补偿资金的额度，根据当地排污总量和国家环保总局公布的污染物治理成本测算，原则上按上年度辖区内试点县（市、区）所排放化学需氧量、氨氮治理成本的 20% 安排补偿资金。

4. 福建省流域生态补偿实践

在福建省，供给县城和 5 万人口以上城镇的水库有 58 座，供饮人口达 1158 万，占全省人口的近 1/3。水库重要水源地生态系统的优劣直接关系到水库的使用寿命和水库水质的优劣。但多年来，水库集水区内几乎全是农业人口，经济以农业为主。集水区土地利用以林地面积为主，耕地面积少，人地矛盾突出。由于陡坡开垦和水土保持措施不到位，引发了严重的水土流失和面源污染，对水源地生态安全造成了巨大压力。尤其是农业生产过程中的化肥、农药以及人畜生产、生活污水和物随坡地径流和泥沙进入水库，直接导致水源区涵养水源能力降低、水库淤积加速、水质变差等问题，已直接影响到区域经济社会发展和人民群众的生产生活。据资料显示，福建省饮用水库水源区水土流失面积占其积水面积的15.16%，高于全省水土流失 8.4% 的平均水平。已进行水质监测的 35 个水库，其水质为Ⅲ类或低于Ⅲ类的有 17 座，水库水质富营养化趋势明显，饮用水质情况不容乐观。

饮用水安全问题引起各级政府和社会各界的普遍关注。2003 年，福建省选择 10 个水库开展水源地水土保持生态建设试点，首创水源地生态补偿机制。按照"谁受益、谁出钱"的原则，各水库从水费收入中提取一定资金，作为水源地生态屏障体系、农用地综合治理体系、生态缓冲带保护体系以及人居环境整治体系四大体系的建设经费。福建省还在全国率先制定出台《江河下游地区对上游地区森林生态效益补偿方案》。根据该方案,各设区市政府以 2005 年城市工业和生活用水量为依据,按福建省政府测算的标准从财政中支出森林生态效益补偿资金,上缴省财政专户,统一标准对上游地区为保护生态功能和水土资源做出贡献的农民进行补偿。

生态补偿机制的建立,保护了水源地农民的合法权益,提高了农民保护生态的积极性,又反过来推动了福建生态强省的建设。现在,福建省生态公益林经营区内已有 80 万亩疏林地和灌木林地转变为有林地,森林质量稳步提高,灾害性破坏明显减少,水土流失得到有效遏制,水质不断得到改善,生物多样性和野生动物栖息地也得到有效保护,原来生态环境脆弱地段的森林植被也得到一定的恢复。

(二) 矿区生态补偿机制

1. 安徽省矿区生态补偿机制

安徽省有马鞍山铁矿、铜陵铜矿和淮南、淮北煤矿四大矿区,矿山开发所引起的生态环境和社会问题都比较突出。安徽省矿区生态补偿案例比较有代表性,其成功和失败的经验教训值得学习。

马鞍山现有矿山企业 111 家,基本是小规模开采。矿山开采遗留的生态环境问题主要是塌陷坑、尾矿库和尾砂的酸性废水等严重污染。其矿区生态补偿包括三个方面:一是矿山的生态恢复。现在大型硫铁矿已经倒闭,酸性废水污染很重。2003 年开始,每年由地方政府、市财政和环保部门拿出资金 15 万元,用于下游的农田改良,河道整治和赔偿农民损失;二是对市区内和东部有 20 多平方公里森林区以及过去建立的农场林场,作为公益林保护起来,并由市、区、县政府拿出一部分资金对工人进行补偿;三是城市和矿山废水污染农村的水体,影响了农业生产,政府每年拿出 8 万~10 万元,用于农村环境基础设施建设、水道和退化土地的治理。

铜陵矿山生态恢复和补偿面临不少问题。目前,铜陵的铜矿大多处于矿山枯竭期,矿山企业大多已关闭。长期的开采不仅造成地表塌陷,还造成大量废矿和尾矿滞留当地,带来一系列严重的生态环境问题。过去国家是铜矿开采的主要受益者,而矿渣和环境问题却留在了当地。现有的 240 家矿山企业主要是中小企业，对于历史遗留问题，企业和当地政府都无力治理。而新矿的生态补偿问题没有全部得到解决。目前许多国有大型矿采用生态型的生产方式，对采矿坑边生产边回填。而对于目前仍在生产的一些中小企业而言（大多是民营企业），生产方式极为粗放，企业采完就走了，遗留大量采矿面生态破坏的问题十分严重。目前铜陵矿山生态修复和环境治理的主要做法是对采空区进行充填，对露天坑进行回填覆土植树，对尾矿库进行覆土，对排土场进行整治。全面治理的总投资估算为17.4 亿元，受影响的居民 5000 多户。

淮南所实施的生态补偿尝试，主要是青苗费补偿，标准是 1200 元/亩。但总体来看效果不佳，主要原因有：一是没有建立长效的资金机制，补偿的资金没有保障，生态补偿难以实施。二是在矿山修复中土地的所有权和使用权问题比较复杂，给实际操作带来困难，修复后的土地谁受益不明确，淮南部分修复的土地，理论上应由企业经营，但需交给地方政府。另外，土地征用手续太麻烦，土地无法占补平衡。三是生态补偿的资金无法进入成本，企业面临巨大的财务压力，在实际操作中缺少积极性。四是矿区治理目前没有统一规划，带有盲目性。例如，在农村发展与农民搬迁的问题上，存在重复搬迁的问题，造成资金浪费。企业仅搬迁费开支每年 6 个亿（房子每平方米补 500 元，耕地按 1200~1800 元/亩补偿）。

淮北矿区面积 450 平方公里，到 2005 年塌陷地达 19 万多亩。对于深层塌陷区，修复后用于水产养殖；对于浅层塌陷区，主要采取挖深填浅的治理方式，并补偿青苗费等。具体做法是由矿区和镇、村签订协议，矿区提供资金，镇、村实施复垦工程，区、县、镇组织验收，验收后交给原土地经营者使用，至今复垦费已投入 1.5 亿元。截至 2006 年 4 月，淮北已搬迁了 16 个村，综合整治了 3 万多亩。

2. 浙江矿山生态补偿机制

2000 年 10 月，浙江开始实施《浙江省矿产资源管理条例》，确立了矿山生态环境治理备用金制度，规定采矿人应在领取采矿证的同时与国土资源部门签订矿山生态环境治理责任书，并分期交纳治理备用金，治理备用金应当不低于治理费用。其后又出台了备用金收取管理办法等相关法规。按照"谁开发、谁保护，谁破坏、谁治理"和"确保不欠新账"的原则，浙江省按照每立方米 6~8 元的标准，到 2005 年对新开矿山已累计收取矿山生态环境治理备用金 2.99 亿元，征收面达到 100%。对废弃矿山，受益者明确的由受益者治理；对受益者不明确的，由政府来组织治理，治理资金主要来源于省、市、县（市、区）采矿权出让所得的部分资金、矿山生态环境治理的新增土地收费中的部分资金、政府有关部门的涉矿行政事业收益中的部分资金和同级财政补贴的资金。另外，浙江省还将矿产开发与环境保护相协调纳入国土资源管理目标责任书中，建立了市、县（区）政府对本辖区矿山生态环境建设负总责的责任制。

三、生态补偿的经验借鉴与启发

（一）发挥政府和市场的互补作用

生态补偿是一个系统的工程，特别是在更广的范围内实行生态补偿，在水资源的产权很难准确界定的情况下，政府在流域水资源生态补偿过程中的作用是非常关键的。一方面政府主导下的生态补偿可以极大地减少产权界定了成本，另一方面政府可以运用其行政权力，有效组织各级政府部门参与生态补偿协调平台的建设。生态补偿在实施过程中，需要许多不同部门的共同参与，只有依靠环保、水利、财政等部门的共同协作，生态补偿才能顺利开展。同时，这些部门在生态补偿过程中的地位和作用是不同的，它们之间存在合作与博弈双重关系，因此，理顺部门之间的关系对生态补偿建设具有非常重要的意义。

生态服务产权市场的建立有赖于合理的生态资源产权的初次分配，有赖于科学的生态资源价格的测量和确定，以及跨区生态资源产权交易市场的形成等，技术性要求较高，在我国现阶段难以广泛推行。同时，我国目前的税制改革还没有将新设生态环境税提上议程，加之税收本身的性质决定了补偿资金未必能专款专用于区域性生态保护，因此生态建设税短时间内还难以解决区域性的生态交换补偿问题。相比之下，流域区际进行民主协商，采取横向转移支付的方式，可以大大降低组织成本、提高运行效率，因此，准市场模式是现阶段我国具有可行性、可操作性和普遍适用性的区际生态补偿模式。

（二）选择适当的生态补偿方法

各地的水文特征和生态系统特点不同，经济实力也不同，因此各地生态补偿涉及的利益相关主体和空间范围也不一样。所以，各地应根据当地的实际情况，选择适宜的生态补偿方式。

对空间跨度较小的相邻行政区之间的生态补偿，生态环境服务的提供者和受益者较少并且比较明确，应在发挥政府主导地位的同时，遵循市场原则，可以采取"一对一"的交易方式，逐步完善生态环境产权机制、交易机制、价格机制，发挥市场机制对生态环境资源供求的引导作用，建立公平、公开、公正的生态利益共享及相关责任分担机制。

对空间跨度较大的区域生态补偿，由于生态补偿主体不易明确，地区之间经济发展水平相差较大，需要发挥政府在生态补偿中的主导地位，在完善政府财政转移支付制度、环境税收制度的同时，充分利用财政补贴、政策倾斜、项目实施、税费改革和人才技术投入等为手段的补偿方式。根据区域实际状况，建立国家、地方、行业等多层次的补偿体系，提高区域生态补偿效果。

（三）补偿资金的筹措

生态补偿资金的主要来源是占有和使用生态资源的企业、个人或其他团体。资金主要用于对生态保护区群众在生态建设方面做出的贡献予以补偿，补偿形式既可以是直接补偿到群众手中，也可以根据当地发展状况，有选择地进行"造血"型补偿。

目前，我国生态服务补偿资金主要包括排污费、国家和地方财政补偿资金投入、生态资源使用费等部分。排污收费制度，对激励企业加大对污染控制方面的投资、降低污染物的排放量，做出了积极的贡献，但由于长期以来我国排污费价格过低，不能体现资源价值，因此在今后的一段时间里，我国将进一步对各级财政排污收费制度进行改革与管理。

国家和地方财政补偿资金主要采用财政转移支付。如浙江杭州为建立生态补偿专项资金，整合现有市级财政转移支付和补助资金。在资金安排使用过程中，各部门按原资金使用渠道，明确对欠发达地区流域生态环境保护项目的倾斜性扶持，结合年度环境保护和生态建设目标责任制考核结果安排项目。

生态环境税在经济合作发展组织内的国家已经比较成熟，很多国家都开征了空气污染税、水污染税、固体废弃物税、噪声税、注册税等，并把这些收入专项用于生态环境保护，使税收在生态环境保护中发挥巨大的作用。如 1991 年，瑞典根据产生二氧化碳的来源，率先对油、煤炭、天然气、液化石油气、汽油和国内航空燃料等征收碳税。法国也从 2001 年 1 月 1 日起对每吨碳征收 150~200 法郎的税，以后逐年增加，2010 年达到 500 法郎的标准。美国、荷兰、德国、日本等国还开征二氧化硫税、水污染税等。随着科学发展观的全面实施，在我国建立统一的环境税制度已经非常必要。目前，我国环境税课征对象可暂定为排放各种废气、废水和固体废弃物的行为。对于一些高污染产品，可以以环境附加税的形式合并到消费税中。在开征环境税的初期，为易于推行，税目划分不宜过细，税率结构也不宜太复杂。

应该说，各个国家生态补偿方式都是在充分考虑各国国情的情况下，借鉴国外的成功经验和做法制定完成的。各国都综合运用了政府和市场两种手段，逐步展开生态补偿实践。从这个意义上说，我国的生态补偿机制需要科学地消化吸收各国成功经验，在透明、开放、自由和灵活的补偿方式下，理顺各个流域上下游间的生态和利益关系，完善相应的法律制度保障和相关的政策配套的支撑，积极推进流域地区协作，采取资金、技术援助和经贸合作等一系列措施，使生态补偿工作有序开展。

第二节　区域水资源生态补偿方式的选择

一、区域生态补偿方式的分类

生态补偿的方式是补偿得以实现的形式，廓清生态补偿方式的基本类型是进行生态制度创新的基础。依据补偿对象、途径、效果以及政府介入程度，有多种不同的类型。

（一）从补偿对象划分

从生态补偿的对象不同可以分为，对生态系统功能性的补偿和对生态建设保护者的经济补偿。前者主要从生态平衡角度，强调了为建设和维护生态系统的物质补偿。后者则为弥补或激励生态建设与保护主体的经济补偿，具体又包括：第一，受益补偿，从他人的生态建设或保护中获得收益而支付的补偿，如向上游森林提供的景观、娱乐等享受而支付的补偿；第二，使用补偿，对直接使用他人提供的生态资源付费，如流域下游地区向上游水源保护区提供补偿；第三，损害补偿，为从事消耗生态资源的活动而支付补偿，如开发矿产资源而支付的土地使用费；第四，污染补偿，指企业或社团向生态系统排放污染物而支付的补偿，如排污费等。

（二）从补偿的空间范围划分

以空间尺度大小分类，生态补偿可以分为区域内补偿、越界补偿和流域补偿。区域内补偿主要指在某行政区内对生态损害或保护进行的生态付费或补偿行为，如行政区环保部门对企业排污征收的排污费；越界补偿主要指当某行政区排放的污染物超过一定标准，对相邻区域带来损害而进行的一个地区或部门向另一个地区或部门的经济补偿；流域补偿是通过一定的政策手段实行流域生态保护外部性的内部化，让流域生态保护成果的受益者支付相应的费用，实现对流域生态环境保护投资者的合理回报和流域生态环境这种公共物品的足额提供，保证流域生态资本增值。空间角度分类也涉及到国内生态补偿和国际生态补偿问题。

（三）从时间维度划分

从时间维度，生态补偿有代内补偿和代际补偿的区别。代内补偿是指同代人之间进行的补偿。由于各地经济社会发展条件不同，在资源利用上存在差别，为促进生态效益的有效且持续利用，需要在同代人之间对不同的资源建设和使用进行补偿。代际补偿是指当代人对后代人的补偿。没有任何一个项目或政策会使所有人受益，生态资源的使用也是这样，不能因为当代人的经济利益牺牲后代人的发展，就要对后代人进行补偿。本书认为，对后代的补偿主要体现在对生态资源的保护和投入上，促进生态资本的增值。

（四）从补偿效果划分

从补偿的效果可分为"输血型"补偿和"造血型"补偿。"输血型"补偿是指政府或补偿者将筹集起来的补偿资金定期转移给被补偿方。这种支付方式的优点是被补偿方拥有极大的灵活性，缺点是补偿资金可能转化为消费性支出，不能从机制上帮助受补偿方真正做到"因保护生态资源而富"。"造血型"补偿是指政府或补偿者运用"项目支持"的形式，将补偿资金转化为技术项目安排到被补偿方（地区），帮助生态保护区群众建立替代产业，或者对无污染产业的上马给予补助以发展生态经济产业，补偿的目标是增加落后地区发展能力，形成"造血"机能与自我发展机制，使外部补偿转化为自我积累能力和自我发展能力。"造血型"生态补偿机制通常与扶贫和地方发展相结合，其优点是可以扶植被补偿方的可持续发展，缺点是被补偿方缺少了灵活支付能力，而且项目投资还得有合适的主体。

（五）从实施主体和运作机制划分

从生态补偿实施主体和运作机制看，大致可以分为政府补偿、市场补偿和介于两者之间的准市场生态补偿。政府补偿是指以上级政府或国家为实施主体，以区域政府或群众为补偿对象，从财政补贴、政策倾斜、项目、税收和人力资本投入为手段的补偿方式。其补偿方式主要有财政转移支付、差异化的区域政策、生态补偿项目的实施和环境税费制度。市场补偿主要指通过市场交易或支付的方式，生态受益者与供给者之间直接偿付，对生态环境要素权属、生态服务功能和生态治理绩效的重新配置。其方式包括公共支付、一对一交易、生态标记等。这种交易方式市场化程度较高，以市场主导补偿的标准和方式，对产权和可操作性的规则要求较高，通常限定在范围较小的区域内。准市场生态补偿则主要指在政府主导下，企业或其他组织对政府生态配额进行交易的行为。由于在空间尺度较大的范围内，生态要素权属难以清晰界定，因此政府主导下的准市场交易模式在补偿效率方面具有一定的优势。

国合会生态补偿机制课题组根据我国的实际情况，将目前我国的生态补偿机制分为政府补偿和市场补偿两大类型，并指出政府补偿机制是目前开展生态补偿最重要的形式，也是目前比较容易启动的补偿方式。郑海霞、张陆彪根据英国伦敦的国际环境与发展研究所和美国的森林趋势组织对环境服务市场及其补偿机制在世界范围内的案例统计分析，从市场化程度将生态补偿分为自发组织的私人贸易、开放式的贸易体系、公共支付体系。SaraJ.Seherr 等把生态补偿机制分成 4 个类型：直接公共补偿、限额交易计划、私人直接补偿（自愿补偿或自愿市场）、生态产品认证计划。

（六）从补偿方式划分

补偿途径和方式多样化既是有效实现生态补偿的基础和保障，也是生态补偿的关键所在。按照补偿方式，有以下几种：

（1）货币补偿是最常用的方式，也是补偿对象比较青睐的补偿方式。常见形式有：补偿金，税收的征收、减免或退税，开发押金，补贴，财政转移支付，复垦费等。货币补偿的优点在于这种方法目标非常明确，手段直接，群众疑虑较少，补偿实施效率高。

（2）实物补偿是补偿者运用物质、劳力和土地等进行补偿，解决受补偿者部分的生产要素和生活要素，改善受补偿者的生活状况，增强其生产能力。实物补偿有利于提高物质使用效率，如退耕还林（草）的补偿方式，就是物质补偿，运用大量剩余的粮食进行补偿。

（3）智力补偿是向补偿对象提供智力服务，包括提供各类技术咨询、提高受补偿者的生产技能和管理水平、为其培养输送各级各类人才，提高受补偿者生产技能、技术含量和组织管理水平。

（4）政策性补偿是上级政府赋予下级政府和社会成员特定范围的政策优先权或优惠待遇，用以补偿下级政府和社会成员在生态环境保护和建设中的权益及发展机会损失。政策性补偿的优势在于在资金十分匮乏的情况下，利用制度资源和政策资源进行补偿可以促进受补偿者在授权的权限内，利用制定政策的优先权和优惠待遇，制定一系列创新性的政策，促进本地发展并筹集资金。

（5）项目补偿是通过在受补偿者所在地区投资举办重大生态保护和建设项目，以减轻当地财政压力的补偿方式，如生态移民、异地开发等。如区域生态环境的保护和修复工作、基础设施建设、基本农田建设、科技项目、生态旅游项目建设等，目前，在我国生态补偿实践中运用逐渐增多，如表 5-1 所示。

表 5-1　生态补偿方式的主要类型

分类依据	主要类型	内涵
补偿对象	生态系统功能性的补偿	从生态平衡角度，强调了为建设和维护生态系统的物质补偿
	生态建设保护经济补偿	为弥补或激励生态建设与保护主体的经济补偿
补偿空间	区域补偿	区域补偿主要是指某行政区内对生态损害或保护进行的生态付费或补偿行为
	越界补偿	越界补偿主要是指当某行政区排放的污染物超过一定标准，对相邻区域带来损害而进行的一个地区或部门向另一个地区或部门的经济补偿
	流域补偿	流域补偿是指通过政策手段让流域生态保护成果的受益者支付相应的费用，实现对流域生态环境保护投资者的合理回报和流域生态环境这种公共物品的足额提供，保证流域生态资本增值
补偿时间	代内补偿	代内补偿是指同代人之间进行的补偿
	代际补偿	代际补偿是指当代人对后代人的补偿
补偿效果	"输血型"补偿	"输血型"补偿是指政府或补偿者将筹集起来的补偿资金定期转移给被补偿方
	"造血型"补偿	"造血型"补偿是指政府或补偿者将补偿资金转化为技术项目安排到被补偿方（地区），增加落后地区自我积累能力和自我发展能力
补偿主体	政府生态补偿	政府补偿是指以上级政府或国家为实施主体，以区域政府或群众为补偿对象，以财政补贴、政策倾斜、项目、税收和人力资本投入为手段的补偿方式
	市场生态补偿	市场补偿主要是指通过市场交易或支付的方式，由生态受益者与供给者之间直接进行生态服务功能补偿
	准市场生态补偿	准市场生态补偿则主要指在政府主导下，企业或其他组织对政府生态配额进行交易的行为
补偿方式	货币补偿	运用各类资金或贴息进行生态补偿
	实物补偿	补偿者运用物质、劳力和土地等进行补偿
	智力补偿	向补偿对象提供智力服务
	政策性补偿	上级政府赋予下级政府和社会成员特定范围的政策优先权或优惠待遇
	项目补偿	通过在受补偿者所在地区投资举办重大生态保护和建设项目，以减轻当地财政压力的补偿方式

二、区域生态补偿方式的适用条件

生态补偿类型区分实质上源于对生态补偿的重点、目的和效果等方面的不同关注。从生态补偿方式看，各类不同补偿方式适用的补偿对象、效果、空间特征和时间等都存在差异，各类不同补偿方式在特点时间和空间范围内有各自不同的特点和优势，如表 5-2 所示。

表 5-2   各种生态补偿方式适用情况

补偿方式		补偿主体	空间跨度	补偿效果
货币补偿	现金补偿	政府、市场	不限	输血型
	开发押金	政府、市场	区域内	输血型
	补贴	政府	不限	输血型
	财政转移支付	政府	不限	输血型
	复垦费	政府	不限	输血型
实物补偿	异地开发	政府	区域内	造血型
	粮食补偿	政府	流域	输血型
智力补偿	技术咨询	政府、市场	流域	造血型
	技术培训	政府、市场	流域	造血型
	人才引进	政府、市场	流域	造血型
项目补偿	水土保持	政府、市场	不限	造血型
	生态恢复	政府、市场	不限	造血型
	基础设施建设	政府、市场	不限	造血型
政策性补偿	赋税减免	政府	流域	造血型
	土地政策	政府	流域	造血型

目前，我国的水资源生态补偿实践大多数是政府主导下的区域补偿，部分空间尺度较大的流域补偿，由于涉及多个省市之间的协商与合作，通常情况下也都是以政策或项目的形式，由中央政府主导下实施。因此，从政府的角度看，选择适当的补偿方式，需要考虑补偿方式中协商的成本、专业人才的需求、企业和非政府组织等参与的可行性、生态补偿的持续性、生态补偿政策的完善以及该补偿方式对区域内居民的地缘关系的改变程度等各种因素，从区域大的生态、经济与社会发展视角进行选择，如表 5-3 所示。

表 5-3 补偿方式选择影响因素

补偿方式＼影响因素		协商成本	人才需求	政策法规	参与性	持续性	居民地源关系
货币补偿	现金补偿	低	低	部分建立	中	低	没变
	开发押金	低	低		低	低	没变
	补贴	低	低		中	低	没变
	财政转移支付	中	低		低	中	没变
	复垦费	低	低		中	低	没变
实物补偿	异地开发	高	高	未建立	中	高	部分变化
	粮食补偿	低	低	建立	中	中	没变
智力补偿	技术咨询	低	中	部分建立	中	视情况	没变
	技术培训	低	中		中	视情况	没变
	人才引进	中	中		低	视情况	没变
项目补偿	水土保持	低	低	部分建立	中	视情况	部分变化
	生态恢复	低	低		中	视情况	部分变化
	基础设施建设	低	低		中	高	部分变化
政策性补偿	赋税减免	高	低	部分建立	低	高	没变
	土地政策	高	高		低	高	部分变化

从表 5-3 中可见，货币补偿相对而言没有较大的技术复杂性，操作和实施比较简单，由于不会引起居民地源关系变化，补偿主体之间的协商成本较低，只要补偿主体之间协商确定好补偿标准，并建立相应的补偿机制，区域生态补偿就能够顺利实施。同时，货币补偿基本不受地域空间和主体限制，方式灵活，因此在补偿方式的选择过程中，受到生态建设和保护区居民的普遍欢迎。

实物补偿实质上是以土地、粮食生产要素交换区域的生态环境价值。其中，粮食补偿由于并没有改变当地居民的地源关系，且国家也出台了如"天保"工程、"退耕还林"工程等政策，所以补偿具有一定的持续性，且交易成本较低，在政策实施阶段得到当地居民的广泛支持。但粮食补偿有一定的时间限制，这使在补偿期限以后的生态林保护存在一定的不确定性。

异地开发补偿。异地开发就是发达区域为欠发达区域提供一块"飞地"，欠发达区域可以在这块"飞地"上实施国家和上级政府对欠发达区域实施的优惠政策，通过招商引资建立和发展自己的工业园区，以绕过由于生态环境保护等原因给欠发达区域造成的经济发展方面的种种限制，实现经济发展和环境保护之间的协调。如浙江金磐扶贫经济开发区的异地开发模式，实现了经济效益、生态效益和社会效益相结合，实现了扶贫开发与生态保护的双重目标和欠发达区域与发达区域的"双赢"，成为一种有效的区域生态补偿机制。当然，异地开发还面临相关的土地政策不完善，"飞地"如何管理，异地开发如何与上游区域城乡一体化发展相一致等问题，所以这种补偿方式还需要进一步观察。

智力补偿是一种"造血型"的生态补偿方式。舒尔茨早就认为，土地并不是使人贫穷的主要因素，而人的能力和素质却是决定贫富的关键。所以，在生态环境资源限制条件下，上游地区经济发展的关键要素在于人力资源的投资。人力资源的增量导致了知识要素质量的提高，其对经济增长的促进作用将远远大于规模经济和物质资本的作用。但从生态补偿角度看，如何衡量限制开发区域人力资本补偿价值也是一个值得探讨的问题，因此实践中，智力补偿通常与项目补偿结合起来。

项目补偿也是一种"造血型"的生态补偿方式。项目补偿一方面通过上游基础设施项目建设，改善上游社会经济发展环境，为区域经济发展提供动力；另一方面项目建设给上游居民提供了就业机会，增加了当地居民的家庭收入。从补偿成本看，这种类型的补偿关键在于项目的选择，项目虽然对区域水资源生态环境保护具有重大贡献，但却不符合本地经济发展需要，或者项目本身存在一定经济风险时，项目补偿存在失败的可能。所以，项目补偿需要参考相关利益各方的意愿，选择符合本地经济发展特点和优势的项目，从而使项目更具有可持续性。

政策性补偿对于整个生态保护和建设的可持续发展具有至关重要的意义。通过建立生态补偿相关制度，政策性补偿可以有效降低区域生态环境利益冲突的协调成本，从而最大限度地保持我国生态环境保护制度和整个社会的稳定。然而，目前我国生态补偿还很不规范和系统，有关生态补偿的精神和文字，只是零星地散布在不同的法律政策文件中，尚未形成完整统一的法律或政策文件。虽然我国早在20世纪80年代就颁布了《森林法》、《草原法》、《渔业法》、《土地管理法》等相关法律，确立了土地、林地、草原、水面、滩涂的使用权及在各自领域的补偿问题。随后的《野生动物保护法》、《水土保持法》、《自然保护区条例》等都有关于生态补偿的零星规定。1998 年，新的《森林法》第八条第二款更是明确了生态补偿的原则性规定："国家设立森林生态效益补偿基金，用于提供生态效益的防护林和特种用途林林木的营造、抚育、保护和管理。森林生态效益补偿基金必须专款专用，不得挪作他用。具体办法由国务院规定。"2004 年 3 月 14 日，修正后的宪法第 10 条规定："国家为了公共利益的需要，可以依照法律规定对土地实现征收或者征用并给予补偿。"第 13 条规定："公民的合法的私有财产不受侵犯。""国家为了公共利益的需要，可以依照法律规定对公民的私有财产实行征收或者征用并给予补偿。"从而肯定了补偿机制在法律调整中的地位，突出了在公共利益和私人产权利益之间的协调和对私人合法财产权利的保护，同样也适用于自然资源和环境保护领域。所以，政策性补偿由于涉及各方利益分配比较广泛和深入，所以其成本也非常大。但只要存在上下游环境外部性的利益分配不均衡，政策性补偿就会不断得到完善。

三、区域水资源生态补偿方式选择

各类补偿方式各有优缺点，选择什么样的方式进行水资源生态补偿，应视该区域水资源生态状况和补偿目的而定。总体上应按以下方法选择：

（一）多种方式组合补偿

通常情况下，区域水资源生态补偿关系到水资源的多种生态属性保护，如水资源的水质、水量、景观等，这使补偿牵涉到各类不同类型的水权问题，所以单一的补偿很难完成区域水资源生态补偿的目标。上述分析也表明，各类补偿方法都存在适用范围的限制，因此，可以运用两种甚至两种以上的方法进行区域水资源生态补偿。因为，某一方面的损失可能较适合用货币补偿，而另一方面的损失可能较适合用实物补偿的方式解决，不同的损失均可能应运出不同的补偿方式，从而使补偿更易落实、更具多样性。

补偿方式的多样性可以大大增强补偿的适应性、灵活性和弹性，进而大大地增强补偿的针对性和有效性，有利于区域水资源生态补偿的展开。多样性的补偿方式，有利于从不同渠道筹集补偿资金，从而促进水资源生态补偿供给与需求良性动态关系的形成和维持。一旦补偿的供给与补偿需求形成良性互动关系，那么经济过程的物质、资金、技术，源源不断地大量涌进补偿领域，为补偿活动顺利开展创造良好的经济基础和经济环境。

（二）货币补偿与其他补偿方式相结合

区域水资源生态补偿和其他补偿一样，也存在实施成本问题。过于复杂的补偿方式容易引起上游限制开发地区群众的疑虑和不满，相对而言，简单而直接的补偿方式将节省谈判和交易的成本。在我国各地的生态补偿实践中，货币补偿是当地居民比较相信的补偿方式，尤其是经济发达地区内部的部分生态环境项目，货币补偿直接明了，不确定性少，受到普遍的欢迎。

但货币补偿容易产生既损害发达地区的积极性，又使欠发达地区居民产生"等、靠、要"的消极思想，因此该补偿方式无法解决欠发达地区在生态环境保护过程中的发展权补偿的问题。同时，货币补偿主要是对人们保护生态环境的报酬，当地生态环境保护和建设的自我积累、自我发展还需要更多的成本投入。另外，货币补偿也存在补偿难以量化的问题，随着区域经济的发展，补偿依据、补偿标准和补偿内容都将发生变化。

因此，本书认为，区域水资源生态补偿一方面可以结合跨界水质水量，进行货币补偿；另一方面可以从整个区域水源地生态保护角度，积极探索对上游行政区的实物、智力和项目补偿方式，充分发挥当地的经济潜力，形成当地社会经济的"造血"机能与自我发展机制，使外部补偿转化为自我积累和自我发展的能力，以最大限度地解决经济发展潜能的激活和环境资源的保护之间的矛盾，实现整个区域的可持续发展。

（三）将政策性补偿和智力补偿作为长期目标

政策补偿和智力补偿对限制发展地区的可持续发展具有重要意义，是区域水资源生态补偿的长期任务。

当前，建立水资源有偿使用制度已成当务之急。我们应努力完善排污权有偿取得和交易制度，通过引入市场机制，督促企业将排污成本纳入企业生产成本并进入产品或服务的价格，尽可能实现环境外部成本内部化。第一，通过立法明确污染物"总量控制"的原则。污染物"总量控制"不仅是遏制环境质量进一步下降的有力手段，也是排污权有偿取得和排污权交易的重要前提，是市场机制在环境保护中发挥作用的制度保障。第二，通过完善排污许可证制度，逐步实现排污权有偿出让。对水污染的排污行为，要实行许可证管理，改变许可证的行政授予方式，采取招标、拍卖或政府定价等方式有偿出让。政府有偿出让排污权给企业，要形成排污权的一级市场，并有效制止滥用和非法转让排污权，要对超标排污进行严厉处罚，确保排污权在二级市场上能够正常交易。政府还可以通过组建专业的排污权中介机构，建立相关的信息网络系统等措施，为交易各方提供供求信息，提高交易的透明度，降低排污权交易费用。

智力补偿是区域水资源生态补偿的重要内容。区域水资源保护的智力补偿应结合我国人口和劳动力流动管理政策，改革户籍制度，逐步建立城乡统一的劳动力市场和公平竞争的就业制度，综合运用经济、法律、行政手段，鼓励人才到欠发达地区工作。另外，可以委托中介服务机构对上游限制发展地区的群众进行各类劳动技能培训。

第三节　区域水资源生态补偿资金的筹措与监管

多样化的区域水资源补偿方式还需要持续稳定的资金投入机制。从目前情况看，现有的补偿资金几乎全部来自中央和地方的财政拨款，尚未建立起依靠政府、社会和市场的多元筹措机制。从"谁受益、谁补偿"和"受益多、补偿多"的原则考虑，我们应尽快建立以国家和地方财政统筹为主，部门和社会补偿结合的多渠道、多层次的补偿资金供给和使用机制。

一、区域水资源生态补偿资金来源

我国目前的区域水资源生态环境建设投资主体主要包括政府投资、金融机构和私营部门的投资。不同主体对区域水资源的需求和用途不同，造成各方在支付水资源价格上的承受能力不同，因此持续稳定的补偿资金需要有多种来源。随着我国资源市场的不断探索，利用经济手段培育和引导市场，促进各种渠道的资金，尤其应注意创造良好的投资环境，吸引更多的社会资金进入水资源生态建设是非常重要的。目前，实践中和理论上有以下来源。

（一）财政支付

国外实践经验显示，国家和地方财政是支付水资源生态补偿费用的主要来源。理论上，水资源建设和保护受益的是整个社会，而社会利益的代表是中央及各级人民政府，所以各级政府应是水资源生态效益的主要购买者。法律上，《中华人民共和国环境保护法》第 16 条也明确规定："地方各级人民政府，应当对本辖区的环境品质负责，采取措施改善环境品质"，并建议明确地方人民政府是生态赔偿和补偿的主体。

国家和地方政府可以按照建立公共财政的要求，把水资源保护生态建设资金纳入年度财政预算，由政府投资为主体，实施多元化投资，直接承担水资源保护建设的经费和保护区基础设施建设的费用。国家和地方政府也可以对水资源保护进行相应的财政专项补贴，如对水源地植树造林、生态保护、污水治理等活动进行补贴以及限制发展区部分产业免减税就属于此类。这些可以鼓励区域产业发展向可持续方向发展。另外，区域内也应加大财政转移支付力度，把因保护水资源生态环境而造成的当地财政减收，作为财政转移支付资金的重要因素。

（二）水资源生态补偿税费

庇古税的开征就是意在解决环境使用与环境优化及其持续发展的矛盾，只要使税率相当等于污染所造成的边际社会损失，就可以使其得到相应的补偿。水资源生态税的权威性、法定性有利于减少税款的拖欠及人为因素的影响。国家专职的财税机关征收生态税，不需要另设机构，征收的成本也相对降低。

水资源生态税主要是对涉及水资源生态环境污染的单位和个人的生产、消费行为征收的税收，可以依据各个单位或个人使用的水量或排放的废水确定。当对排放进行控制成本昂贵时，我们也可以向一些原材料和产品进行征税。应该说，原材料和产品的监测相对容易，且是一个较好的指标，例如化工产品、造纸厂以及旅游景点，其产出与污染紧密相关，对产品征税与水资源污染税的征收效果是一样的。当然，涉及水资源保护的产品税对鼓励污水处理技术进步没有提供激励，因此，在实施这样的税收政策时，可以考虑与其他政策结合起来。如当部分污染企业、景点以及区域上游农民在使用某些具有明显有利于削减排污的生产工艺时，可以对这种削减技术提供相应的补贴。目前我国对水资源保护的税收政策还很少且比较粗略，但从发展趋势看，"绿色"税收将成为越来越多国家环境政策的最佳选择。

水资源补偿费的征收无须通过修正税收法律的司法程序，且不进入国家财政而是直接由部门机构收取，这种收费能够用于区域水资源生态补偿，在区域水资源生态补偿资金筹集过程中，这种方法更容易得到地方政府和部门的支持。水资源补偿费的征收可以考虑从电厂电费、生活和工业用水、森林公园和风景名胜区门票收入中按照一定比例提取生态补偿费。

（三）水资源生态补偿保证金

为遏制限制发展地的水污染，新建或扩建企业项目需要交纳一定数量的水资源生态补偿保证金，用于对项目可能存在的水资源生态污染的恢复。为避免许多"邮票式"补偿，相关部门可以联合组建类似"水资源生态补偿"银行，选择区域水资源生态关键地区，创造或修复生态区，满足区域生态功能补偿的需求。水资源生态补偿银行采取企业化运作，由建设项目单位按照项目对生态影响程度，与银行通过协议，按照市场价格交纳生态补偿资金，由水资源生态补偿银行完成其应该进行的异地补偿。

（四）水资源生态补偿债券

通过发行国家或地方水资源生态补偿债券按照政府间事权划分，中央政府提供以国家为整体利益的水资源生态补偿公共服务，而地方政府则在服从国家整体利益的前提下，主要对本地区居民的利益负责，提供以本地区为主体利益的水资源生态补偿公共服务。从当前我国经济形势看，目前银行利率低，且要缴纳利息税，国债或地方水资源生态补偿债券由于其投资风险较低，为日益强大的机构投资者如社保基金、退休养老基金、保险基金、互助基金等提供良好的投资途径，从而为生态环保建设筹集大量资金。同时，水资源生态补偿债券还可以改善生态环境，拉动经济增长。

（五）水资源生态补偿彩票

彩票是政府融筹资的重要渠道，具有强大的社会集资功能。区域水资源生态建设与保护也属于公共服务的内容，因此，区域水资源生态补偿也可以借鉴我国的福利彩票的模式，由中央政府授权并下达发行额度，县级以上人民政府通过发行生态彩票的方式，向社会公众募集水资源生态补偿资金。

（六）水资源生态补偿的 BOT 融资

在典型的 BOT 方式中，政府部门就某个基础设施项目与私人公司或项目公司签订特许协议，授权承担该项目投资、融资、建设、经营、维护，并在一定期限内移交，在特许期内，项目的业主向项目的使用者收取适当的费用，由此回收项目投资、经营和维护成本并获得合理的回报，特许期满后，项目公司须将该项目无偿移交给签约方的政府部门。BOT 融资适用于区域水资源生态补偿的项目补偿方式，当某些重大的区域水资源生态建设项目需要大量资金时，BOT 方式开辟了财政预算外的资金来源渠道，能加速基础设施建设，尽快改善区域水资源生态状况。同时，BOT 项目投资建设、运营与维护的效率要高于公共管理项目，其效益也较显著，减轻了政府运作管理和再投入的负担。BOT 以特许权协议为核心的结构，使法律约束性强，责任分明，关系明确，增强了水资源生态建设和保护项目的可预测性。

（七）水资源生态补偿贷款

目前，全世界对"绿色工程"贷款的投资银行数量逐步增长，这些银行将把环保项目作为贷款直接投资优先考虑的重点。我国各级政府应抓住这个机遇，积极利用世行、亚行、联合国开发计划署等国际组织以及外国政府的赠款和长期低息、无息贷款，优先安排水资源生态建设项目。

（八）水资源生态补偿基金

水资源生态补偿基金可以分为两类：一类是公益性的水资源生态补偿基金，另一类是营利性的水资源生态补偿基金。公益性的水资源生态补偿基金主要针对贫困地区的水资源生态环境建设和保护，改善贫困人口的饮水和水资源利用问题。这类水资源生态补偿基金主要由环境类的非政府组织管理，接受政府、社会捐赠。

营利性的水资源生态补偿基金则是一些投资公司，通过集中社会闲散资金，及时、准确、高效地对区域水资源生态环境建设和保护项目，以及生态环保产业项目进行投资，获取更高的投资回报。对地方而言，营利性的水资源生态补偿基金实现了区域水资源生态建设和环境保护项目的社会化运作，解决了当地水资源生态建设资金不足的问题。

总体而言，区域水资源生态补偿建立起以国家、地方政府、非政府组织和企业及个人为主体的多层次的补偿资金筹集体系，能够有效避免单一的融资渠道产生的补偿资金不到位，缺少补偿的可持续性以及补偿方式无法适应上游限制区经济发展等问题，如图5-1所示。

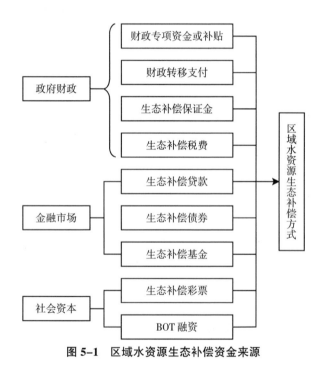

图5-1 区域水资源生态补偿资金来源

二、区域水资源生态补偿资金筹措方式选择

多渠道、多层次的区域水资源生态补偿资金筹措方式解决了补偿资金的不足和缺乏灵活性等问题，满足了区域水资源生态主体的需求。补偿资金筹集方式的创新使补偿方式的选择具有更多的灵活性，并将更多的水资源生态补偿相关利益

群体吸收到补偿中，只要合理利用各类资金筹集方式，使之与补偿方式相适应，将有效提高补偿效率。因此，区域水资源生态补偿资金筹措方式需要考虑其机会成本、制度成本和管理成本等因素。

（一）机会成本与资金筹集方式选择

不管是政府财政、金融资本还是社会资本，对区域水资源生态补偿的投资，都是基于未来能够获得的利益现值等于或大于当前投资生态环境治理的内部收益率。从融资主体角度说，该内部收益率是生态补偿受益者（包括中央和各级地方政府、下游水资源生态治理受益企业和个人）要求的必要报酬率，即水资源生态补偿对象需要给生态补偿受益者的最低报酬率。因此，区域水资源生态补偿的资金筹集能力是由水资源生态治理的建设者和保护者的行为决定的。换句话说，上游地区的水资源生态治理效果是决定下游地方政府以及区域各类生态保护组织以及企业融资意愿的关键因素。这里的收益率对不同的生态补偿主体有不同的内涵，如收益率可以是区域水资源生态效益收益，如政府作为公共事务的代理人，追求区域水资源整体生态环境质量的改善是其主要目标；收益率也可以是资本的回报率，如部分金融资本投资于区域水资源生态治理项目，其目的是为追求长期的、稳定且持续的资本收益。由于政府财政、金融资本和社会资本对区域水资源生态治理的内部收益率要求不同，且各类资本的投资回收期不同，因此各类资金筹集方式适用于不同的区域水资源生态补偿内容。

一般而言，政府财政补偿的内部收益率较低，只要上游提供的水资源生态环境服务等于下游补偿资金现值，下游地区的政府就有提供资金补偿的意愿和可能，此类资金适用于货币补偿和实物补偿。服务于环境事业的公益基金要求的收益率也较低，但其资金筹集能力视环境保护非政府组织的影响力等因素影响，资金有限，故此类资金适用于上游小型水土保持项目以及智力补偿方式。

金融资本和社会资本数量巨大，且具有较强的灵活性，长期来看，这些资金是区域水资源生态补偿资金筹集的重要方面，需要政府进行积极的引导和协调。当然，金融资本和社会资本要求的内部收益率较高，但水资源生态环境治理项目具有长期的持续的回报率，相比其他非公益项目的投资风险要小，这些优势是吸引金融资本和社会资本的重要原因。例如，2008 财年（2007 年 6 月 30 日~2008

年 6 月 30 日），世界银行给中国提供的项目贷款总额达到 15.13 亿美元，以帮助中国应对环境和社会挑战。金融资本和社会资本数额相对其他筹集方式在资金数额和使用方式等方面的优势，对区域重大的水资源生态建设和保护项目此类方式比较适宜。

(二) 制度成本与资金筹集方式选择

制度成本是影响区域水资源生态补偿资金筹集方式选择的另一个重要因素。目前，我国水资源生态补偿机制的制定仍没有实质进展，除了受补偿标准影响外，资金筹集方式的限制也是一个重要的影响因素。

各地的水资源生态补偿过程中经常采用财政转移支付方式，原因在于补偿主体难以准确识别，在此情况下，政府通常成为区域水资源生态补偿的主要责任主体。只要政府间就区域水资源生态补偿标准达成一致，那么政府财政转移的制度成本就相对较少，当然补偿资金受各地财政状况限制，补偿能力有限。

债券和彩票也是区域水资源生态补偿主体识别具有一定困难下的较好办法。但生态补偿债券和彩票的发行需要符合严格的条件，并经过一定的行政审批手续，而且债券和彩票发行也需要经过债券承销商、债券评级机构、会计师事务所、律师事务所等审核，短时间内难以完成各种手续。对发行资格与发行规模的控制必然导致国家对生态补偿债券和彩票进行严格的审批，程序繁杂，结果难以预计，使地方政府很少考虑这种方式。

区域水资源生态补偿保证金主要是对建设项目造成的水生态环境损失进行补偿，对维护区域水资源生态环境具有重要意义。但这种补偿资金筹集方式需要与我国的《水法》以及环境影响评价制度一起实施，才能够发挥其应有的作用。我国的《水法》第三十一条规定："从事水资源开发、利用、节约、保护和防治水害等水事活动，应当遵守经批准的规划；因违反规划造成江河和湖泊水域使用功能降低、地下水超采、地面沉降、水体污染的，应当承担治理责任。开采矿藏或者建设地下工程，因疏于排水导致地下水水位下降、水源枯竭或者地面塌陷，采矿单位或者建设单位应当采取补救措施；对他人生活和生产造成损失的，依法给予补偿。"《中华人民共和国环境影响评价法》第二十六条也明确规定："建设项目建设过程中，建设单位应当同时实施环境影响报告书、环境影响报告表以及环境影响评价文件审批部门审批意见中提出的环境保护对策措施。"可以看出，虽然我国法律法规对水资源生态补偿已经有明确的规定，但实践过程中，补偿应遵循什么程序，补偿应由项目建设单位还是由统一的生态建设和保护单位进行，也是值得讨论的问题。因为如果由项目单位进行补偿，众多的水资源生态开发企业必然造成许多"邮票式"补偿。而由生态建设和保护单位按照区域水资源生态保护整体规划进行统一补偿，则又存在补偿过程的监管问题。所以，区域水资源生态补偿保证金的资金筹集制度成本比较高。

采用银行贷款、BOT 项目融资和生态补偿基金进行区域水资源生态补偿资金筹集具有一定的灵活性。地方政府在此过程中具有非常大的自主权。从盈利角度讲，银行或企业在参与区域水资源生态建设项目时，也会结合项目区的社会经济发展特点，选择适合地方经济结构的水资源保护项目。如长江上游水土保持项目成功的关键在于各地的水土保持项目需要结合项目区的经济发展基础，选择不同的水保项目，从而实现上游经济、社会和生态环境三者的可持续发展。因此，银行贷款、BOT 项目融资和生态补偿基金在区域水资源生态补偿中得到了更多的运用。

（三）代理成本与资金筹集方式选择

在上述资金筹集方式中，政府、企业、环保 NGO 等不同筹集主体的内部管理差异将使区域水资源生态补偿的效率不同。实际上，这里存在一个代理成本的问题。从生态服务的角度看，政府、企业或环保 NGO 均是区域水资源生态效益提供者或投资收益者的代理人，并根据双方的协议，谋求区域水资源生态效益增长或项目盈利而行事。但因为政府、企业、环保 NGO 也存在自身有利益要求，他们的利益目标或个人偏好同水资源生态效益提供者或需求者不完全一致，同时区域水资源生态补偿的复杂性，也使代理方和委托方之间在信息上表现出不对称性。

由于上述种种原因，在选择筹集方法时，代理方很可能根据自身的利益或价值判断行事，而不是根据委托方的愿望或利益行事。例如，在政府主导的区域水资源生态补偿过程中，基层政府扮演着生态供给者和购买者的双重角色，这导致其对生态补偿的认识出现冲突，部分基层政府没有把农民提供生态服务的过程看作是一种交易而视为一种义务，从而使农民很难获得充分的补偿。同时，在缺乏对区域水资源生态补偿的市场意识情况下，基层政府通常选择依靠政府财政投入来筹集资金，部分地区由于有大量专项资金和补贴，对国际低息贷款的水土保持项目等也没有兴趣，而其后依靠行政制度资源运行的补偿工程往往为政府或业务部门"寻租"留下了隐患，降低了资金的使用效率。

采用 BOT 方式融资的区域水资源生态建设项目，能够在不改变现有生态补偿制度基础上，实现最大限度的融资，这也是地方政府主导下的区域水资源生态补偿资金筹集的重要方式。同时，BOT 方式融资虽然政府同样拥有非常大的主导权，但企业或项目投资机构也需要一定的收益，所以在项目选择上，政府需要保证一定的收益，才能够使 BOT 方式顺利进行下去，这对政府也是个有效的监督。

生态补偿税费除了上述所说的制度成本较高外，在补偿资金的使用上有相应的限制，对政府在执行水资源生态补偿时提出的要求也较多，政府采用此类方式的动力不足。同时，在减轻税费负担的形势下，水资源生态补偿税费制度的出台还需要时日。

三、区域水资源生态补偿资金的监管

区域水资源生态补偿资金筹集方式有多种方式，且各种方式与补偿方式结合形成了各地不同的生态补偿模式，这增加了补偿资金监管的难度。本书认为，区域水资源生态补偿资金的监管要区分实施补偿的主体，若补偿是由环保 NGO 组织或企业等机构组织实施，则其资金监管由其按照该组织内部对生态补偿资金监管的规定，进行管理和监督。若补偿实施主体是区域各级政府，则需要建立一个程序化、科学化、规范化的生态补偿资金规划制度，要从管理上、制度上明确资金使用和管理的内容、范围和程序。

首先，建立区域水资源生态补偿的专用基金，确保专账核算、专人管理、专款专用。专用基金需要配备具备资质的会计人员，并保持财务会计人员的连续性和稳定性，严格执行国家财务会计制度。区域水资源生态补偿的专用基金实行分级管理，即由财政部和省级财政厅统一管理，并分别设立水资源生态补偿基金财政专户，省级以下补偿资金上缴省财政专户，中央筹集的存入中央财政专户。形

成一个层层负责、逐级控制的区域水资源生态补偿资金管理体系。

其次，建立区域水资源生态补偿资金使用的统一规划制度，尽量使补偿资金的使用取得较好的生态效益。从这个意义上说，区域水资源生态补偿委员会应定期召开年度水资源生态建设和保护的工作会议，制定区域水资源生态补偿的中长期和年度规划。同时，对各类已经完成或正在进行的水资源生态建设和保护项目进行审查、评估，总结经验，结合区域水资源生态补偿效果，及时调整正在进行中的补偿项目。区域水资源生态补偿委员会还应对补偿地区规划进行的水资源生态建设项目的可行性研究报告及阶段性建设和保护方案进行审查和评价，对该方案生态补偿的必要性、技术可行性、经济合理性、资金配套等方面进行综合性分析论证，经评估论证可行的，方可纳入年度区域水资源生态补偿资金实施计划。

最后，严格区域水资源生态补偿资金的管理制度。建立健全水资源生态补偿资金的审批、使用制度，建立内部监督制约机制。密切配合审计等有关部门工作，定期对项目资金的筹集、管理和使用进行监督检查。对财务管理工作中发现虚报冒领补偿资金、挤占挪用资金、严重滞留补偿资金、配套资金不足、账务处理混乱、审计和检查中发现问题不及时整改等情况的将暂停报账，并按财政资金违规违纪行为处理办法进行处理，构成犯罪的，依法追究刑事责任。

第四节　本章小结

本章从生态补偿资金使用和筹措方式方面，对区域水资源生态补偿模式进行了分析研究。

第一节，本书对国内和国外生态补偿方式案例进行了分析，指出其值得借鉴的成功经验。

第二节，本书对生态补偿方式进行了分类梳理，分析了各类方式适用的条件，指出区域水资源生态补偿涉及到水资源的多种生态属性，单一的补偿很难完成目标。补偿方式的多样性可以大大增强补偿的适应性、灵活性和弹性。同时，区域水资源生态补偿也存在实施成本问题，过于复杂的补偿方式容易引起疑虑和不满，相对而言，简单而直接的补偿方式将节省谈判和交易的成本。现阶段区域水资源生态补偿应以货币补偿和项目补偿相结合的方式，并将政策补偿和智力补偿作为区域水资源生态补偿的长期任务进行建设。

第三节，本书分析了水资源生态补偿资金的来源，本书认为多渠道、多层次的区域水资源生态补偿资金筹措方式解决了补偿资金的不足和缺乏灵活性等问题，并从机会成本、制度成本和代理成本角度分析了各类不同补偿资金筹集方式的选择问题，提出了区域水资源生态补偿资金的监管建议。

第六章 区域水资源生态补偿的监测机制

区域水资源生态环境监测评估是决定区域内水资源生态补偿资金分摊的重要环节。国内不少学者和环保工作者认为，区域水资源生态补偿中的环境监测理所当然地应该由政府相关部门承担，只有这样才能保证环境监测数据的权威性和客观性。实际上，在我国生态环境保护形势日趋严峻的形势下，旧有的环境监测体制消化了我国在环境监测硬件建设方面的努力，同时由于政府和企业的角色混淆，政府无力面对量大面广的区域水资源生态环境监测，也影响了环境监督执法的效力。本书认为，区域生态补偿机制的推进需要适时地进行生态环境监测机制的改革，良好的环境监测机制不仅有利于提高水资源生态补偿的执法水平，对我国的环境保护产业发展也有重要的推动作用。

第一节 区域水资源生态补偿监测问题

一、水质水量监测技术问题

区域水资源生态补偿资金与行政区之间水质水量密切相关，但受多种因素影响，获得全面而准确的水质水量监测具有一定的困难，这使区域水资源生态补偿资金的分摊方案存在诸多矛盾。

第一，我国水资源生态监测数据的质量远未达到系统化、程序化。监测技术是一个完整的体系，只有形成从监测项目到方法、仪器、标准、质控程序完整的体系，才能实现高效的监测能力。而目前，我国不少地方对水资源生态监测缺乏系统的研究和布置，各项技术没有得到协调发展，缺方法、缺仪器、无质控等问题普遍存在。在水质监测中，不少地方的环境监测站只是着重抓了实验室分析环节，其他环节还没有得到有效的质控，都还存在不少问题。没有全程序质控措施的数据，很难说它是具有代表性、精密性、准确性和可比性的数据。而其他环境要素的监测还没有多少质控技术手段。因此，水资源生态监测数据的质量问题表现仍然突出。

第二，区域水文水资源特点以及地理条件的复杂性增加了水质水量监测的难度。在短时间内，区域水质的变化不会很大，但水量常常受到汛期洪水、降雨以及季节性因素影响，水量变化很大，特别是河网密集地区，水文复杂，甚至还存在流向变化等情况，更增加了水量监测的难度，使区域水资源生态补偿资金的测算往往与真实值存在较大误差。

第三，生态环境技术条件与管理体制限制，造成监测数据的不确定性。受经济和专业技术人员限制，水质与水量的监测方式通常是根据区域水域的特点和监测站的能力，选择一定数量的监测点，规定各个监测点每月的监测频次，在规定的时间采用人工监测收集相关数据，这造成监测数据与区域实际水质水量不完全一致。同时，受旧的环境监测机制影响，在水资源生态补偿的监测中，水质和水量的监测分别同时由水文监测和环境监测两个单位负责，双方在监测时间、地点并不同步，也增加了监测数据的不确定性。

第四，生态环境监测设备老化，不适应区域水资源生态环境监测的需求。随着国家对水资源生态环境日益重视，基层环境监测部门的工作量越来越大，老式的监测方法和设备已经难以完成高质量要求的监测任务。同时，从不少地方污染源监测和管理来看，便携式快速现场监测仪器很少，应急监测能力更弱。仪器装备上不去，监测能力和水平也受影响。

二、监测资金投入不足

区域水资源生态补偿是政府主导下的交易行为，作为一种生态服务交易，其交易产品非常特殊，水资源生态环境的属性也难以完全识别，要准确测算区域水资源生态产品的供给量，需要大量的生态环境监测技术、设备和专业技术人员投入。而目前，我国各级环境和水文监测站除少量的对外营利性检测服务收入外，主要还是依靠政府财政经费拨款，在经济欠发达地区，监测资金的投入难以保证。资金投入限制，使我国不少地区对超前性监测技术研究投入不够，对总量控制监测技术、突发性水污染事故应急监测技术、水资源生态监测技术等许多方面没有进行足够的研究，缺乏必要的技术储备。

区域空间尺度也是影响水资源生态环境监测资金投入的重要因素。在空间尺度较大的区域，监测和评估水质及水量的成本非常昂贵。而空间尺度相对较小的区域，虽然只需要相对而言很少的成本，但监测设备投入明显集中到了少数几个行政区，增加了地方政府财政支付的压力。同时，空间尺度相对较小的区域水资源生态环境补偿，专业技术人员也会存在不足，难以完成水资源生态补偿的标准确定和生态效益价值评估等任务。

三、专业技术人员的储备缺乏

专业技术人员的引进和培养是区域水资源生态监测事业可持续发展的基础，现代化环境监测能力建设和管理模式的形成要靠人才的技术发挥与工作中的不断实践。随着区域社会经济的快速发展，环境监测的职责在拓展、领域在延伸、工作在深化，在此形势下，充分整合和发挥区域环境监测人力资源优势，建设高素质的监测队伍，既是区域水资源生态补偿机制的需求，也是进一步提升区域环境监测综合实力的需要。

受事业单位管理体制，我国环境监测站的人才引进通常受事业单位人事编制限制，很难及时补充应有的技术人员。环境监测机构是环保机构的下属事业单位，在用人问题上只有部分决定权，这使环境监测站不能根据自身需要充实监测队伍，加之政策性的人员安置和对内外"关系"的照顾等因素，常常造成环境监测机构"人满才乏"的局面。同时，事业单位管理体制使环境监测人才管理缺乏相应的交流机制。部分业务能力较差的在编人员无法有效辞退，外面的复合型中高级人才也无法引进，影响了环境监测队伍的结构调整。

水资源环境监测任务基本由各级环境监测站完成，缺少必要的竞争机制，使环境监测单位缺乏加强单位监测能力的动力。目前，监测机构举办的业务培训很少，且分配不均，往往省、市级环境监测站能定期进行各类培训，但县级监测部门培训机会很少，导致基层监测人员知识结构老化，业务能力参差不齐，科研能力不强，难以适应基层面临的大量且复杂的水资源生态监测任务。而环境监测机构在人员任用上存在的"论资排辈"现象和分配机制中的"吃大锅饭"问题，也降低了人员的积极性，技术人员缺少更新自身知识结构、适应新的环境监测形势的激励。

四、生态监测的权力"寻租"

监测部门是否严格高效地执行区域水资源生态补偿中水质水量监测，是否严格执行环境监测的程序和标准等，很大程度上决定了区域水资源生态补偿机制的实施效果。

不难发现，在区域水资源生态补偿的测算过程中，水资源生态监测的时间和地点选择、监测方法以及水质和水量测算方法等都直接关系到补偿资金的数量，由于水资源生态监测需要复杂的专业知识，非专业人员很难对各类方法的优劣做出判断，造成环境监测部门对监测结果的解释存在很大的伸缩性。环境监测过程中的灵活性和专业性特征，容易产生环保部门随意简化环境监测程序、放松排污标准等问题，同时也给环保执法人员权力"寻租"提供了机会。

第二节　基于委托—代理理论的区域水资源生态补偿监测服务分析

从 1973 年全国第一次环境保护工作会议起到现在，我国环境监测事业已经走过了 35 年的发展历程。环境监测事业从 20 世纪 70 年代中后期各级各类监测站的初步建立，发展至今已经具备了组织机构网络化和监测分析标准化的雏形。

但监测管理制度认识上的不足，使我国环境监测资源基本依靠政府的指令进行配置，社会性监测资源未能得到充分运用。这些问题导致环保部门监测能力有限，面对量大面广的监测对象，降低监测覆盖面和监测频次的做法，也降低了环境执法的效力。

根据环境保护产业的定义，环境监测属于环境服务业中环境技术服务的一个重要组成部分。实际上，不管是监督性监测还是服务性监测，只是服务的对象、服务的性质、质量要求存在差异而已，对监测单位而言，任何一种监测服务都需要根据监测成本、自身监测能力和监测收益来决定所自身付出的努力。从这个意义上说，环境监测作为一种技术服务交易，通过市场力量进行监测资源的配置，不仅有利于监测市场的发育和壮大，对我国的环境监测技术的发展也有一定的推动作用。

一、区域水资源生态补偿的监测服务市场

(一) 监测服务市场的交易商品与交易主体

环境监测是提供监测数据，以供政府决策，并为企事业单位改进产品结构的生产方式和污染治理、减少资源浪费，提供科学的翔实依据。环境监测的客体是无形的客体，属于劳务、知识和信息的范畴。因此，环境监测的市场构成，可归类于服务市场、技术市场。与有形的商品市场不同，在区域水资源生态补偿监测服务市场中，交易的对象是区域内各个地方水资源生态状况、各类环境工程建设运营中的委托分析和测试工作、环境保护监测仪器设备等产品的性能和质量测试业务、环境工程治理设施和设备等产品的性能检测业务以及在线污染物环境监测的运行管理、环境咨询服务等。

目前，我国环境监测和咨询服务机构依然与政府部门有着千丝万缕的联系，有的甚至在实质上仍隶属于政府部门或事业单位。大体上由以下几类组成：①原国家部委和各省市厅局直属的研究设计单位，通过转型而来；②为适应经济改革开放形势需要，依托国家、省市综合计划部门或金融机构而成立的综合性咨询单位；③来自社会其他部门，以合作、合资、集体等形式组建的咨询单位。由于我国大部分环境监测咨询机构改制还比较缓慢，企业缺乏长期发展战略和经营目

标，缺少经营策略和市场开拓能力，管理水平也相当落后。同时，在我国环境监测和咨询从业单位中，在对外服务方面，只有环境影响评价存在部分对外服务，而其他13类环境咨询服务业均无任何对外服务项目。表现出我国环境咨询服务业还处于刚刚发展起步阶段，参与国际性服务能力较差。当然，进入21世纪，随着中国加入WTO后，咨询市场的全面开放，国外实力雄厚的环境咨询企业将全面进入我国市场，我国环保咨询行业的政策正在逐步建立和完善，环保咨询队伍整体水平也在逐渐壮大。

随着我国区域水资源生态补偿机制的不断完善，生态环境监测服务的需求主体越来越多，从以前的政府部门和企业，增加到目前的普通消费者。需求主体的增多，使我国生态环境监测市场日渐增大，生态环境监测的内容不断增多，监测要求逐步提高。区域水资源生态监测市场需求的增大无疑使我国社会各类生态环境监测力量也想加入到利益的分配中，因此迫切需要建立、完善与市场经济发展以及国际惯例相适宜的环境监测制度体系，从而进一步提高我国环境监测咨询队伍的整体水平，缩小与国外发达国家监测咨询力量的差距。

(二) 我国生态监测服务市场的特征

生态监测服务市场的商品都是一些专业性很强的监测数据和技术咨询业务，且这些数据通常是一些特定情况下的结果，在时间和空间等因素变换下，数据的解释存在很多变化，公众很难评价和判断这些服务的质量。而监测服务机构则掌握有监测技术、方法以及区域水资源生态状况的大量信息。因此，与其他商品交易市场相比，区域水资源生态补偿的监测服务市场的信息不对称问题更为突出。在此情况下，区域水生态补偿的监测服务将出现"劣币驱逐良币"的现象，从而导致高成本、高质量的监测服务退出市场。

道德风险是区域水资源生态补偿监测服务市场中面临的又一个重要问题。从目前我国环境监测的工作任务、性质看，环境监测仍属于政府行为，各级环境监测站是履行环境技术监督职能，是环境执法中法定"举证"的资格单位，也是法定的环境技术仲裁机构、技术鉴定机构。监测服务的垄断地位增加了区域水资源生态补偿监测中的道德风险。由于公众对监测技术和测算等专业技术等相关信息的不完全，以及区域水资源生态环境的变化特点，造成公众难以在监测服务的契约中对监测服务机构的监测方式及其结果施加完全的约束规定。因此生态环境监测机构对于自身的监测行为的选择具有一定的隐蔽性，他们可能利用自身的信息优势，通过减少对监测设备、人员的投入以及工作的努力水平等达到自我效用最大化，从而降低区域水资源生态补偿监测的效率。

另外，环境监测站与政府之间的委托—代理关系使环境监测过程容易出现合谋行为。简单地看，公众、政府以及环境监测部门之间构成了两层委托—代理关系，而不同层级的地方政府与各级环境监测部门之间则形成了复杂的重叠交叉的多层级、多维度的委托—代理关系所构成的网状结构。网中的每一个结点的身份与地位均呈现出多样化的特征，相互拥有可用于交换的直接或间接的权力资源，从而使得各级政府和环境监测部门之间有可能形成互惠、互利、互庇的利益共同体。例如，在我国经济发展模式尚未完全转型的情况下，各级地方政府在经济增长的压力下，容易利用对环境监测机构的管理权胁迫其在区域水资源生态补偿过程中，放松水质水量的监测标准、降低监测频次以及做出对经济发达地区进行适当照顾的监测政策。而环境监测机构则可以在宽松的监测标准下减少设备和人员投入。虽然，这样的结果使公众的生态环境利益受损，但政府与环境监测部门得到了共谋行为带来的额外利益。

二、区域水资源生态补偿监测服务委托—代理模型

(一) 基本模型建立

假设监测部门的能力是充分的，能准确监测与测算区域内水资源生态环境的变化。监测部门的努力程度为 x，且 $x \in [0, 1]$，设监测部门的努力成本为 C_x，$C'_x > 0$，$C''_x > 0$；为便于分析和比较，在此本书暂时忽略政府部门与监测部门的合谋，假设政府在区域水资源生态补偿过程中完全代表公众利益，作为生态环境监测服务的委托方，则其固定收益为 G，因生态环境监测服务质量产生的变动收益为 $R_x > 0$，且 $R'_x > 0$，$R''_x < 0$，即区域水资源生态补偿的部分效益随生态环境监测质量的提高而增加，但随着监测部门努力程度的增加而增速减缓。同时，$R_{x=0} = 0$ 表示监测部门完全不努力时不能掌握区域水资源生态状况，此时生态环

境监测服务质量产生的区域水资源生态补偿的变动收益为 0；$R_{x=1} = \Omega$ 表示监测部门非常努力时能完全掌握区域水资源生态状况，此时生态环境监测服务质量产生的区域水资源生态补偿的变动收益为 Ω。同时，ε 作为生态环境监测服务中不受控制的外生变量，$\varepsilon \sim N(\mu, \sigma^2)$。由于政府对生态环境监测部门的努力不可观测，因此两者之间的契约以变动收益 R_x 为基础，并根据监测服务质量享有一定的激励 [激励系数为 $\alpha \in (0, 1)$]。此时，生态环境监测部门的收益为 $S_E = S_0 + \alpha(R_x + \varepsilon)$，其中 S_0 为环境监测的基本收益。

与政府部门相比，环境监测部门是提供技术服务的生产单位，各级监测部门之间存在一定的市场竞争，因此这些部门是风险规避的。设区域水资源生态补偿监测服务委托—代理关系在其整个生命周期中面临市场风险 (σ^2)，由于政府为风险中性，即其期望效用等于期望收入，不存在风险成本；而监测部门为风险规避型，即收益风险会给其带来额外的成本，若生态环境监测效用函数具有不变的风险规避特征，η 为环境监测部门的风险规避系数，则其风险成本为：$C_{(\omega)}^R = \frac{1}{2}\eta\alpha^2\sigma^2$。可以发现，区域水资源生态补偿的效率受生态环境监测部门的激励相容约束。设环境监测部门的保留收益为 ω_0，此时区域水资源生态补偿监测委托—代理关系的模型为：

$$U_G = G + (1 - \alpha)(R_x + \varepsilon) - S_0 \tag{6-1}$$

$$\text{s.t.} \quad U_E \geq U_{(\omega_0)} \tag{6-2}$$

$$U_E = S_0 + \alpha(R_x + \varepsilon) - C_x - C_\omega^R \tag{6-3}$$

也即：

$$U_G = G + (1 - \alpha)(R_x + \varepsilon) - S_0 \tag{6-4}$$

$$S_0 + \alpha(R_x + \varepsilon) - \frac{1}{2}\eta\alpha^2\sigma^2 - C_x \geq U_{(\omega_0)} \tag{6-5}$$

$$U_E = S_0 + \alpha(R_x + \varepsilon) - C_x - \frac{1}{2}\eta\alpha^2\sigma^2 \tag{6-6}$$

（二）模型的分析

1. 最优生态监测质量目标的确定

在不对称信息条件下，受专业技术限制，公众和政府很难判断生态环境监测部门的努力水平，将式（6-6）对 x 求极值得：

$$\alpha R'_x = C'_x \tag{6-7}$$

作为经济理性的生态环境监测服务部门将在边际成本等于边际收益时选择自己的努力程度［令满足式（6-7）的环境监测部门的努力水平为 $x = x^*$］。超过边际成本的努力在生态监测服务市场将无法获得应有收益，尤其在区域水资源生态监测市场处于寡头垄断的情况下，要求环境监测服务部门提供超值的服务也是不现实的。

同时，将式（6-5）代入式（6-4），对 α 求导，并结合式（6-7）得到：

$$\alpha^* = \frac{\dfrac{\partial x}{\partial \alpha} R'_{(x)}}{\dfrac{\partial x}{\partial \alpha} R'_{(x)} + \eta \sigma^2} \tag{6-8}$$

很明显，α^* 是委托—代理双方在达到博弈均衡状态下，受生态环境监测部门最优选择约束，政府部门根据区域水资源生态补偿效用最大化确定的最优激励水平。

2. 生态监测的激励水平问题

由式（6-8）可知，环境监测的风险规避度 η 越大，政府部门给出的激励水平 α 就越小。另外，环境监测市场的风险 σ^2 越大，环境监测服务部门得到的收益就越少。换句话说，在较高的市场风险下，如果政府仅给出相同程度的激励，生态环境监测部门将降低努力水平，服务质量也随之下降。

将式（6-7）对 α 求导得：

$$\frac{\partial x}{\partial \alpha} = \frac{R'_{(x)}}{C''_x - \alpha''_{(x)}} \tag{6-9}$$

说明随着激励强度的增加，生态环境监测部门将提高自身的努力程度。

三、区域水资源生态补偿监测服务委托—代理模型的扩展

(一) 模型的第一次扩展: 政府与监测部门的合谋

前面本书假设政府在区域水资源生态补偿过程中完全代表公众的利益，根据生态环境监测部门提供的服务质量进行适当的激励，从而保证区域水资源生态补偿机制的顺利实施。研究认为，有限的预算和监控成本很难控制企业完全按要求排污。违法排污问题的产生，一方面源于连续监控有困难，以致无法及时察觉违法行为；另一方面源于缺乏有效机制来公平评估与对待不配合者的处罚。可见，污染治理技术或生产工艺与企业违规排放关系不大，更重要的是管理者应该合理地分配资源并增强监督力度。而实际上，在区域水资源生态补偿中，无论是上游地方政府还是中央政府都有自身的利益需求。例如，现阶段中央政府不仅面临生态环境治理问题，还面临经济发展放缓带来的大量就业压力问题，因此中央政府必然需要在生态环境治理和经济发展之间取得一定的平衡。对地方政府而言，处于不同发展阶段的上下游政府都存在放松或严格水资源生态环境监测的需求，以实现经济收益或水资源生态环境收益的目的。从这个意义上说，不管是上游政府还是下游政府均有与生态环境监测部门达成合谋的愿望。

从生态补偿服务市场看点，假设区域水资源生态补偿监测服务部门是中立的第三方技术服务机构。通常情况下，受监测成本和激励水平限制，生态环境监测部门的努力程度在边际成本等于边际收益的水平 (x^*)，此时 $(\Omega - R_{(x^*)})$ 代表环境监测部门在成本约束下无法阻止地方政府以牺牲生态环境换取的经济发展收益。这里的收益是相对的，随着生态环境监测部门标准以及努力水平的提高而减少，因此，理性的政府部门必然考虑与监测部门的合谋。理论上，$(\Omega - R_{(x^*)})$ 是生态环境监测部门无法测算到的生态环境成本，地方政府不会以此作为合谋成本。相反，若能够让环境监测部门的努力程度降低到 x^* 以下，政府将获得由合谋带来的经济收益 $[R_{(x^*)} - (R_{(x)} + \varepsilon)]$，假设政府将此收益以 β 的比例与生态环境监测部门分成，则此时生态环境监测部门的收益为：

$$U_E = S_0 + \alpha(R_x + \varepsilon) - C_x - \frac{1}{2}\eta\alpha^2\sigma^2 + \beta(R_{x^*} - R_{(x)} - \varepsilon) \qquad (6-10)$$

将式（6-10）对 x 求导，得：

$$(\alpha - \beta)R'_x = C'_x \tag{6-11}$$

另满足式（6-11）的努力程度 $x = x^{\#}$，则 $x^{\#} < x^*$，也就是说，由于合谋的存在，使环境监测部门的最优努力水平低于没有合谋时的水平，从而导致区域水资源生态环境监测服务质量降低。

将式（6-10）对 α 求导，得：

$$\frac{\partial x}{\partial \alpha} = \frac{R'_{(x)}}{C''_x - (\alpha - \beta)R''_{(x)}} > 0 \tag{6-12}$$

可以证明，式（6-12）大于式（6-9）。这意味着，合谋行为使生态环境监测部门的努力程度 x 对激励更为敏感，当努力水平从 x^* 向 $x^{\#}$ 调整时，激励水平 α 的降低将会引起生态环境监测部门监测努力水平更大幅度的降低。

同理，将式（6-10）对 β 求导，得：

$$\frac{\partial x}{\partial \beta} = \frac{R'_{(x)}}{(\alpha - \beta)R''_{(x)} - C''_{(x)}} < 0 \tag{6-13}$$

说明合谋分成比例与生态环境监测部门的努力水平负相关，也即合谋对生态环境监测部门起到了相反的激励效果。

将式（6-10）代入式（6-4），对 α 求导，得：

$$\alpha^{\#} = \frac{\dfrac{\partial x}{\partial \alpha}R'_{(x)}}{\dfrac{\partial x}{\partial \alpha}R'_{(x)} + \eta\sigma^2} \tag{6-14}$$

可以证明，此处的 $\alpha^{\#} > \alpha^*$。另外，从公众利益角度看，由于政府与环境监测部门的合谋，区域水资源生态补偿的收益为：

$$U^{\#} = G + (1 - \alpha^{\#})(R_{(x^{\#})} + \varepsilon) - S_0 \tag{6-15}$$

由于 $\alpha^{\#} > \alpha^*$，且 $x^* > x^{\#}$，$R_{(x^*)} > R_{(x^{\#})}$，所以 $U^* > U^{\#}$。因此，当政府与环境监测部门达成合谋后，区域水资源生态补偿的公共利益将受到削弱。

（二）模型的第二次扩展：公众监督机制

张军连对甘肃省张掖市实施可交易水权制度的调查发现，在一定条件下，用水户之间能够形成一种相互监督机制，从而有效地降低交易成本，使可交易水权

143

制度在一定范围内取得很好的执行效果。殷国玺提出了环境监察部门聘用环境监察员参与环境管理的情况，分析了监察员不同的收入结构对纳什均衡的影响，得出了监察员与排污单位的期望得益，提出了环境监察部门的策略选择。在此，研究者将政府部门默认为区域水资源监测监督的主要机构，忽视了政府单方面垄断环境监测监督权带来的环境监测动力不足和权力"寻租"等问题，同时对公众以什么方式参与区域水资源生态环境监督没有引起必要重视。本书认为，生态环境监测应该由中立的第三方提供监测服务，这样可以避免政府部门在区域水资源生态补偿过程中的多重角色的冲突，也有利于提高公众参与的能力和机会。

在信息不对称情况下，假设公众监督的只能以 $p(p \in [0, 1])$ 的概率发现政府与生态环境监测部门的合谋，且一经发现将剥夺其合谋收益，并将该收益重新用于区域水资源生态补偿。则此时生态环境监测部门的收益为：

$$U_E = S_0 + \alpha(R_x + \varepsilon) - C_x - \frac{1}{2}\eta\alpha^2\sigma^2 + (1 - p)\beta(R_{x'} - R_{(x)} - \varepsilon) \tag{6-16}$$

由式（6-16）对 x 求导，得到：

$$[\alpha - (1 - p)\beta]R'_x = C'_x \tag{6-17}$$

此时令 $x = x^\&$，显然 $x^\# \leqslant x^\& \leqslant x^*$。当 $p = 1$ 时，生态环境监测部门与政府难以达成合谋，其努力水平也将保持在没有合谋的水平；而当 $p = 0$ 时，说明公众完全缺乏监督能力，生态环境监测部门与政府很容易达成合谋，其努力水平也将保持在合谋的水平。可以发现，公众监督将对政府与监测部门的合谋起到抑制作用，随着公众监督能力的提高，区域水资源生态监测服务质量也将得到有效提高。

将式（6-17）分别对 α 和 β 求导，得：

$$\frac{\partial x}{\partial \alpha} = \frac{R'_{(x)}}{C''_x - [\alpha - (1 - p)\beta]R''_x} > 0 \tag{6-18}$$

$$\frac{\partial x}{\partial \beta} = \frac{R'_{(x)}}{[\alpha - (1 - p)\beta]R''_x - C''_{(x)}} < 0 \tag{6-19}$$

可以证明，式（6-18）小于式（6-12），即在引入公众监督之后，激励水平 α 的降低不会引起生态环境监测部门努力水平大幅度的降低。同时，式（6-19）大于式（6-13），也说明随着公众监督能力的提高，生态环境监测部门的努力也将不断得到提高。

由于公众的监督，区域水资源生态监测服务中的合谋损失得到一定的补偿。此时区域水资源生态补偿的整体收益为：

$$U_G = G + (1-\alpha)(R_x + \varepsilon) - S_0 + p\beta[R_{(x')} - (R_{(x)} + \varepsilon)]$$ (6-20)

将式（6-16）代入式（6-20）对 α 求导，得：

$$\alpha^\& = \frac{(1-p\beta)\frac{\partial x}{\partial \alpha}R'_{(x)}}{\frac{\partial x}{\partial \alpha}R'_{(x)} + \eta\sigma^2}$$ (6-21)

可以发现 $\alpha^\# > \alpha^\& > \alpha^*$，说明合谋收益的重新分配补偿部分替代了委托者的激励成本。因此，公众监督的引入有利于提高生态环境监测部门的努力水平，改善监测服务质量，同时还有利于降低公众在区域水资源生态监测服务的委托—代理成本，提高区域水资源生态补偿机制的运行效率。

第三节　区域水资源生态补偿的监测机制设置

区域水资源生态监测的目的是通过监测一段时间内各行政区水资源生态状况，确定其在水资源生态补偿中做出的生态贡献。根据此监测结果，区域水资源生态补偿管理机构将测算各地方政府应当得到或支付的生态补偿金额。所以，区域水资源生态监测是生态补偿的重要环节之一。保证水资源生态监测数据准确、及时、公正，需要对相关监测制度进行有效设置。

一、区域水资源生态监测的制度分析

上述分析表明，在现行的生态环境监测管理体制下，政府与生态环境监测部门有存在合谋的可能，而公众参与监督在一定程度上将抑制这种行为，提高区域水资源生态监测的质量。那么，什么样的制度设计才能确保生态监测在合理收益下有效地履行监测职责，而不是利用生态监测权谋取不当收益？谁来判断监测者是否忠实地履行了职责，如果不能忠实地履行生态环境监测职责，谁有权决定对其处罚？克罗齐埃曾说，组织的效率取决于由组织所构成的人总体理性地协调其活动的能力；这种能力则取决于技术的发展，有时尤其取决于人们能够以何种方式进行他们之间的合作游戏。因此，深入剖析区域水资源生态监测过程存在的问题，需要对区域水资源生态监测的相关主体以及他们之间的关系进行分析。

我国现行的环境监测管理体制是以环保系统的监测站为骨干，包括各有关部门监测力量在内的全国环境监测站。环境监测站的设置具有行政设置的基本特征，且环境监测站是环保局的直接下属单位。这实际上就形成了环保部门与环境监测站之间的监测服务契约关系，由政府出资，环境监测站运用自身技术力量提供区域水资源生态监测服务。与完全竞争的技术服务市场不同，这里的生态监测服务主要由本地区地方政府或上级政府所属环境监测站完成，因此服务是寡头垄断的。

通常情况下，垄断性的监测服务使资源配置发生了扭曲。其一，垄断价格高于监测服务的边际成本，造成产出较少。其二，在形成垄断过程中，为追求垄断地位而浪费性地投入资源，从而导致配置扭曲。从目前情况看，我国的生态监测服务的寡头垄断格局是由现行的环境监测体制造成的。因此，第二种情况是不存在的，也即不存在"掠夺性定价者"为取得市场垄断地位，将监测服务价格压低，而迫使其他对手退出市场的现象。环境监测体制造成的寡头垄断，实际上形成了政府与生态监测部门之间长期竞争性定价合同，从而导致社会优质的生态监测资源无法进入区域水资源生态补偿监测服务市场。

由于水生态监测技术的复杂性和区域水资源生态状况的动态变化特点，生态监测服务的质量很难得到应有保证。上述分析也表明，环境监测部门能够利用自身掌握的监测服务合约中未明属性，取得额外收益。例如，环境监测部门可以通过减少水质分析过程、降低检测标准等降低水质分析成本投入，也可以通过减少区域水资源生态监测断面、监测频次以及专业人员等降低监测成本，这些都导致区域水资源生态监测质量的降低。在现行体制下，为提高监测质量，政府通常需要进一步增加环境监测的财政支付，因而环境监测部门获得了更多的垄断收益。

与此同时，环境监测站接受环保局行政管理体制，使环境监测难以摆脱政府的干预，监测工作缺乏应有的公正性和权威性。同时，这种环境监测体制也造成基于市场机制的生态环境监测认证机制难以建立，不利于我国整体环境监测能力的提高。

本书认为，区域水资源生态补偿的监测机制设置需要考虑区域环境管理和环保产业发展两方面因素。从区域水资源生态补偿角度看，环境监测机制设置要保证监测的客观、公正；从环保产业发展角度，环境监测机制应逐步取消监测服务的垄断，引入有效竞争，促进监测服务市场的发展。我国当前环境污染形势严峻，不仅存在环境治理的经济效率问题，还存在环境治理的公平问题。所以，我们应当结合当前我国生态环境监测力量非常薄弱，公众环境保护参与不足的现状，积极引入社会力量和资本进行生态环境监测基础设施建设，并减少监测服务过程中的交易成本，创新符合中国国情和特色的生态环境监测服务机制。

二、区域水资源生态监测的市场化运作

自 20 世纪 80 年代初以来，OECD 国家在环境管理领域进行了许多带有革命性意义的环境政策创新的探索。如开征环境税、建立排污权交易制度、建立有利于废物回收的押金制度、实行垃圾等废物处理的市场化运作等，这些基于市场化理念的经济手段不仅在污染排放控制方面成效显著，而且由于政策的手段富有弹性，使企业的竞争力也得到提高。所以，利用市场机制提供水资源生态环境监测服务，应是建立当前我国区域水资源生态补偿的一个主流方向。

本书认为，在我国区域水资源生态补偿逐步从政府直接主导向生态补偿市场化转型过程中，市场化的水资源生态监测服务需要坚持两个原则：其一，水资源生态环境监测服务的提供者不能仅限于当地的环境监测部门；其二，在条件可能的情况下，在多个生态环境监测服务提供者之间引入竞争机制。而契约与合同的方式正好满足了上述两个原则，因此市场竞争是区域水资源生态环境监测服务改革的核心。

多年来，我国环境监测机构模糊的市场地位，造成环境监测服务市场发展缓慢。一方面，环境监测部门作为事业单位，承担为地方环保部门提供环境质量监测的任务，却难以得到政府足够的资金、设备和人员培训支持，难以满足环境监

测要求；另一方面，环境监测机构作为咨询机构，为企业提供环境监测服务，但半官半民的性质垄断了环境监测市场，使社会性的监测资源未能充分发挥作用。生态环境监测机制的突出问题表现为政府在环境监测过程中职责不清，混淆了属于政府和企业各方的权利和义务关系，将本该由企业提供的环境监测义务纳入政府环境监督责任范围，不仅限制了社会环境监测力量的作用，也导致环保部门有限的监测能力面对数量庞大的污染企业无法提供有效监督，从而降低了区域水资源生态补偿的效率。

在环境管理转型的社会，环境管理的手段已经多样化，与此相对应，环境监测结构也需要走向开放，尽可能动员社会各类监测力量参与进区域水资源生态补偿的监测服务市场。本书认为，环境监测市场化有利于民间资本进入生态监测服务领域，推动环境监测主体的多样性，改变目前环境监测由环保部门垄断的局面，促进市场的繁荣和发展。同时，环境监测市场的竞争对环境监测的技术、资金和人员的投入，提供环境监测服务高质量的水平也有很大帮助。更重要的是，环境监测市场化对理顺区域水资源生态补偿机制中各类主体的关系，提高官僚体制的弹性和效率，具有重要的现实意义。

三、改变环境保护部门的环境管理职能

环境监测服务推向市场后，需要逐步建立起新的与市场化监测服务相一致的法律法规。首先，将生态环境监测从行政行为转变为有偿的社会服务行为，保障环境监测站应有充分的独立自主权，真正实现面向社会的独立法人地位，并允许有条件的社会资本进入该领域。其次，确定区域水资源生态补偿监测的委托程序、监测标准和监测资质要求，以及违规的处罚等问题。最后，把由环境监测站向环保部门提供污染源监测数据，转变为由排污企业定期向环保部门提供监测数据，排污企业自身有监测能力，并通过监测资质认可的，可以自行监测；若没有监测能力，应委托有资质的环境监测服务机构监测，委托单位与环境监测服务之间通过签订合同、协议等明确双方的责任、权利和义务。

这样，环境监测服务公司作为提供区域水资源生态补偿监测服务的咨询机构，可以接受政府和企业的委托，对相关主体提供监测服务，并作为独立法人对

其提供的环境监测结果负责。而环保部门主要负责监督区域水资源生态补偿机制的实施情况、对环境监测咨询公司进行资质认定、制定环境监测行业的技术规范，以及对违规企业和环境监测公司的处罚等职能。

这种制度安排理顺了区域水资源生态补偿过程中政府与市场的关系，避免了生态环境监测过程中的行政干预，不仅可以有效地提高环境监测的准确性、客观性和及时性，推进环境监测站的社会化发展，而且也可以提高政府环保部门的工作效率，降低补偿过程的成本。

四、采取多种形式的公众监督

承认和重视公众在区域水资源生态补偿中的主体地位，尊重其利益诉求和参与决策和监督的主体地位，是公众参与的理论基础。Hannigan 认为，公众具有以下四种环境权利：获得关于自身环境状况信息的权利；当污染产生时有听取情况的权利；从污染者方面获得赔偿的权利；决定被污染社区未来命运时的民主参与权利。所以，作为区域水资源生态补偿过程不可缺少甚至是最重要的补偿主体，公众有权知道当前区域水资源生态状况正在发生怎样的变化、区域水资源生态补偿机制的详细内容，并参与决定补偿的过程。Gunton 和 Vertinsky 曾提到被某种决定影响的利益相关者，应该直接并且有效地参加到决策制定的程序中。Jackson 随后更是指出，利益相关者应该是那些自己认为受到影响的群体，而不应该是相关机构认定的受影响群体。

事实上，随着中国经济的快速发展和人民生活水平的提高，社会的异质性空前提高，个体自主性日益显现，利益格局多元化意味着社会力量平等参与政府过程要求。从环境保护角度看，越来越多的群众更加重视维护自身的环境权益，在自身环境权益遭受侵害时，越来越倾向于采取实际的行动表达自己的利益诉求，使我国公众参与正在经历从环境关心到环境行动的重大转型。亚洲开发银行认为，问责、参与、可预测性和透明是新公共治理模式的基本要素。联合国亚太经济和社会委员会也概括了公共治理的八个特征，即参与、法治、透明、回应性、以达成一致为导向、公平与包容、有效性与效率、问责。从这个意义上说，有效的公众参与是实现区域水资源生态补偿良性运行的不可或缺的组成部分。

在区域水资源生态监测服务过程中，公众参与监督的形式和内容应该是多样的。从形式上看，公众可以以公民的身份要求各级政府公布相关信息，也可以以企业或组织的形式参与监测服务市场的竞争，从而实质性地参与并影响区域水资源生态监测过程。从内容上看，应充分赋予公民和企业组织查询、审核和质疑区域资源生态监测服务企业资质，服务内容以及区域水资源生态状况等相关信息。通过政府与公众对区域水资源生态环境的合作管理，达到提高区域水资源生态补偿机制运行效率的目的。

第四节　本章小结

区域水资源生态环境监测评估是决定区域内水资源生态补偿资金分摊的重要环节。

首先，本书分析了我国区域水资源生态监测机制存在的问题。

其次，本书指出，水资源生态服务市场的主体和特征，通过区域水资源生态监测委托—代理模型，论述了政府与监测服务机构合谋将导致水资源生态监测服务质量下降，而公众监督则可以改善监测服务质量。

最后，本书运用交易成本理论分析区域水资源生态监测过程中各类主体的策略，并提出了区域水资源生态补偿监测机制设置的建议。

第七章 江苏省常州市水资源生态补偿案例分析

第一节 引 言

一、选择缘由

生态环境可持续性问题一直是江苏省社会经济发展过程中优先考虑的问题。早在 2006 年，江苏省委省政府在《关于坚持环保优先促进科学发展的意见》中就明确要求，"要探索和建立上下游地区污染赔付、生态补偿等制度"。在江苏省《推进环境保护工作若干政策措施》中也规定，"上游地区对下游地区造成严重污染损害的，上游地区应当承担赔偿责任，在责任主体无法确定的情况下，由上游地区政府进行赔付补偿"。

常州市是江苏省在太湖流域进行水资源生态补偿先期试点的三市之一。从经济与环境发展角度看，常州市目前还处于粗放型外延发展模式，机械加工、黑色金属冶金、化工建材、服装纺织等传统产业仍扮演着经济增长的主角，单位 GDP 能耗高于苏州、无锡、镇江和江苏平均水平（见表 7-1）。高消耗、高排放的经济增长模式使常州已成为水质型缺水城市，水污染已成为影响与制约常州现阶段经济社会发展的最突出的全局性问题。

表 7-1　2005 年常州市与全省及苏州、无锡单位 GDP 能耗水平的比较

地区	单位 GDP 能耗 （吨标准煤/万元）	单位 GDP 电耗 （千瓦时/万元）	单位工业增加值能耗 （吨标准煤/万元）
江苏全省	0.92	1198.2	1.67
南京市	1.36	1023.1	2.60
无锡市	0.92	1201.7	1.30
徐州市	1.40	991.5	3.81
常州市	1.07	1401.5	1.34
苏州市	1.04	1405.8	1.19
南通市	0.83	943.1	1.32
连云港市	0.94	894.8	3.00
淮安市	1.12	1051.1	2.88
盐城市	0.81	758.9	1.36
扬州市	0.86	889.8	1.48
镇江市	1.02	1114.9	2.42
泰州市	1.06	1164.4	1.08
宿迁市	0.81	689.0	1.97

从地理位置看，选择常州市作为典型案例调查，主要是因为常州地理位置处于江苏太湖流域生态环境补偿试点的中间位置，兼具上下游水资源生态补偿的问题。同时，常州区域空间相对狭小，但水网密布，水文条件复杂，在各区之间界定不同类型补偿主体的责任，并确定其补偿标准，在实践中有一定的难度，这也是中观形态生态补偿机制普遍面临的问题。因此，如何结合常州经济和社会发展的实际状况，有重点、有次序、有步骤地建立区域水资源生态补偿机制，不仅对江苏省生态环境建设具有重要意义，对于全国其他区域的生态建设，也具有重要的参考价值。

二、研究内容和方法

（一）研究内容

本部分首先对常州市水资源生态状况进行了分析，指出了当前面临的问题和威胁；其次着重从生态补偿主体确定、补偿责任区分和补偿标准等方面对常州市

水资源生态补偿试点进行了分析，指出其存在的问题；最后提出了常州市水资源生态补偿的管理机构设置、生态补偿的政策配套和资源管理等方面的建议。

（二）研究方法

本研究主要综合采用生态经济学、环境经济学和环境社会学的研究方法。主要资料的收集主要采用了文献资料收集与分析、访谈和田野调查等方法。在系统收集常州社会经济调查统计资料、市（区）环保局环境统计年鉴和历年总结报告的基础上，对主要利益相关者进行访谈，访问的利益相关者包括：江苏省环保厅相关部门、常州市和区县环保局，林业局、水利局、环保局、财政局的相关负责人，并做了城市居民的随机访谈。先后在常州市层面和各区层面的生态补偿实施办法、生态补偿标准和资金管理等方面对常州市生态补偿试点工作进行了实地调查。

第二节　常州市水资源生态环境状况调查

一、常州市社会经济概况

常州市是江苏省 13 个省辖市之一，位居长江之南，太湖之滨。处于长江三角洲中心地带，与上海、南京等距相望。辖区内地形复杂，高低相间，山圩相依，江湖相连。其中山丘区面积 1012 平方千米，平原区面积 1585 平方千米，圩区面积 1253 平方千米，圩外河、湖面积 525 平方千米。多年平均降雨量 1089 毫米，降雨量年内和年际分布不均匀，丰水年份的降雨量是干旱年份的 2~3 倍，汛期 6~9 月降雨量约占全年的 60%。

常州现辖金坛、溧阳两个县级市和武进、新北、天宁、钟楼、戚墅 5 个行政区。全市面积 4375 平方公里，户籍人口 354 万人。2006 年，常州的生产总值为 1569.46 亿元，占全省生产总值的 7.3%。其中第一产业 59.45 亿元，第二产业 847.42 亿元，第三产业 562.59 亿元。农村居民人均纯收入 8001 元/年，比 2005

年增长 14.3%，城市居民人均可支配收入 14589 元/年，比 2005 年增长 14.1%。

二、常州市污水排放情况

常州市地处经济发达的长江三角洲，交通便利，人口稠密，经济发展速度快，城市化率迅速提高，产业密集度急剧上升，社会财富不断增加，工业用水量增加较快，水体污染趋势明显，水环境问题日渐突出。而常州平原洼地的地形特点使水体交换周期长，自净能力差，水环境比较脆弱。

（一）工业废水排放情况

2006 年，常州市工业用水总量为 124938.6 万吨，其中武进、直属和新北分别占工业用水量的 35%、20%和 25%（见图 7-1）。从工业用水重复利用率（见图 7-2）看，新北、直属和戚区的水重复利用率较高，而天宁的水重复利用率只有 33.8%。

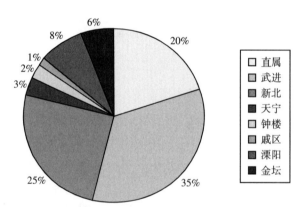

图 7-1　2006 年常州市各市区工业用水总量（万吨）

从化学需氧量（见图 7-3）看，2006 年武进 COD 排放量达 18587.2 吨，占常州 COD 排放量的 41%，其次是天宁和直属分别占常州 COD 排放总量的 17%和 15%。各县市的氨氮排放量（见图 7-4）中，武进为 1106.9 吨，占常州氨氮排放总量的 46%，直属为 408.7 吨，占总量的 17%，新北为 283.3 吨，占总量的 14%。各市县的化学需氧量、氨氮排放量与各市县的全部总产值拟合直线显示，线性函数分别为 $Y_{COD} = 10.992X - 596.78$、$Y_N = 0.663X - 83.25$，$R^2$ 分别为 0.872

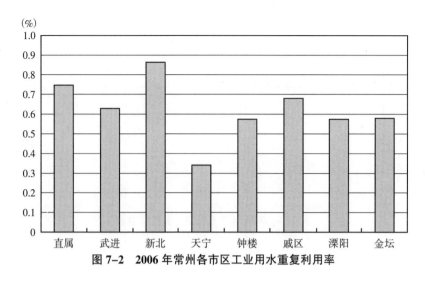

图 7-2 2006 年常州各市区工业用水重复利用率

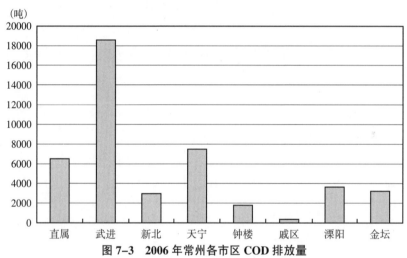

图 7-3 2006 年常州各市区 COD 排放量

和 0.915，拟合程度较好。说明各市县污染物排放量与经济发展规模成一定的线性关系。

按照行业排污情况分析，2005 年常州市 COD 排放量居前三位的是纺织业、化学原料及化学品制造业和医药制造业，分别占排污总量的 34.45%、26.71% 和 8.04%。氨氮排放量位居前三位的是化学原料及化学品制造业、纺织业和纺织服装、鞋、帽制造业，分别占行业排污总量的 36.11%、27.57% 和 5.45%，医药制造业以占行业总量的 5.06% 位居第四位。

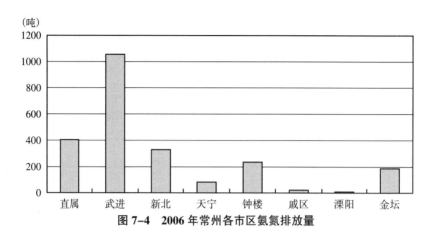

图 7-4　2006 年常州各市区氨氮排放量

（二）农业面源污染情况

2006 年，常州三次产业增加值结构为 3.8∶60.4∶35.8。第一产业增加值 59.5 亿元，比 2005 年增长 5%，第一产业的人均纯收入 1280 元。虽然第一产业比重很小，但由于缺乏有效的面源污染治理措施，农业面源污染问题仍是水污染的重要原因之一。

2006 年，常州农业氮肥使用总量（折纯）52677 吨，使用面积为 2618775 亩，平均氮肥使用水平为 20.10 千克/亩，比 2005 年增加 3.5 千克/亩；磷肥使用量（折 P_5O_2）6617 吨，使用面积 1953575 亩，平均磷肥使用水平为 3.4 公斤/亩，比 2005 年增加了 1.1 千克/亩；农药使用总量 3147 吨，使用面积 2758475 亩，平均 1.1 公斤/亩，与 2005 年持平。

（三）生活污水处理情况

近年来，随着经济发展水平的提高，常州家庭生活污水排放量在逐渐增加。城镇生活污水中 COD 产生量由 2004 年的 45278.2 吨增长到 2006 年的 73577.4 吨，氨氮产生量也从 5282.5 吨增长到 5722.7 吨。虽然常州市污水处理能力也有增加，污水处理厂也从 2004 年的 7 座增加到 2006 年的 11 座，处理能力从 2004 年的 7836.97 万吨增加到 2006 年的 8235.9 万吨，但总体而言，污水处理能力的增长速度低于污水排放量的增长速度，城镇生活污水处理率由 66.68% 下降到 55.7%。

三、常州水质状况

2006 年，常州市区降水 pH 值在 3.7~7.16，平均值为 4.84，与上年持平，酸雨频率为 68.2%，比上年有所加重。市区 23 条主要河流设置 41 个常规水质监测断面，根据全年监测结果统计，符合Ⅲ类水体要求的有 2 个，占 5%；符合Ⅳ类和Ⅴ类水质要求断面的 20 个，占 49%；劣于Ⅴ类水体的达 19 个，占 46%。对比水质功能区标准，41 个监测断面中，有 9 个断面能满足标准要求，占 22%。各河流水质主要受有机污染，氨氮、溶解氧、挥发酚、化学需氧量等污染影响。

2006 年，滆湖全年各监测断面水质均不能符合相应水质功能区标准要求，主要污染指标为总氮、总磷和化学需氧量，水质已明显表现出富营养化特征。

第三节　常州市水资源生态环境补偿机制分析

一、水资源生态环境补偿主体的确定

由于我国生态环境补偿政策仍处于试点阶段，各地生态环境资源也存在很大差异，补偿的重点不同，补偿方式也就存在很大差异。在常州市区域面积较小的范围内，各类社会经济活动的组织、个人，在不同的时间里既可能是生态环境的污染者，也可能是生态环境的保护者。生态环境的受损方和受益方不是十分明确，因此，要确定这些组织和个人的活动对整个区域生态环境的贡献，并进行补偿是非常困难的。这也是我国生态补偿机制主要依靠政府转移支付的重要原因之一。

目前，常州市水资源生态环境补偿试点主要以辖区的市、区政府为补偿主体。根据《常州市环境资源区域补偿办法（试行）》规定，凡断面当月水质超过控制目标的，上游峡市、区政府应当给予下游峡市、区政府相应的环境资源区域补偿资金；直接排入太湖的或最终流出本市的河流，断面当月水质指标超过控制目标的，所在地辖市、区政府应当按规定缴纳补偿资金。

以辖区的市、区政府为补偿主体，能够比较容易地实施区域生态环境补偿，税资源生态环境补偿的实施也符合辖内市、区政府和居民的根本利益，一定程度上满足了居民生态环境利益需求，与常州市政府环境保护的整体目标也保持一致。在受益人很难确定的情况下，政府也应当作为生态环境补偿的主体，承担其对所辖行政区域环境质量的管理责任。

当然，现阶段水资源生态补偿主体主要为市、区政府以及环保和财政部门，其他相关部门和公众缺少应有的参与渠道。从短期来看，这样的制度设计减少了水资源生态补偿的交易成本。从环境管理的可持续来看，对相关主体的忽略将损害相关部门以及公众的长期权益。因此，现阶段应根据常州市的政治经济状况，建立起吸纳其他部门和公众参与的管理机制迫在眉睫。

二、常州水资源生态补偿污染责任界定

常州市全境水网纵横交织，市区有京杭大运河横贯其中，受长江和太湖潮汐影响，市内河道的水流流向和流量经常变化很大。这种情况对确定行政区之间断面单因子补偿资金带来一定的困难。因为断面单因子补偿资金一方面受水质影响，另一方面还受当月断面水量影响，而水质与水量分别由环保部门和水利部门在不同的时间进行监测。对尚未建成自动监测站的断面，则由环境监测机构和水文水资源勘察机构手工监测，每周监测一次。在复杂的水文条件下，监测数据与真实值之间的误差是非常大的。据常州环保部门的工作人员讲，水质监测的数据主要是浓度数据，在无突发性污染情况下，不会出现太大的误差，而水量数据受潮汐因素和监测点选择的影响，数据与真实值的差距可能达到 20 倍。

反过来讲，在每个河流断面均设监测点并增加监测频次，虽然可以提高断面水质和水量监测数据的准确性，但需要投入大量人力、物力，且最终的结果同样也存在误差。在资金有限的情况下，选择一些主要的监测断面，最大限度地使监测数据接近真实值，是初步完成常州生态环境补偿污染责任界定工作的首要任务。为此，常州市政府相关部门在经过多次现场监测和分析后，形成了如表 7-2 所示的断面和水质目标。

表 7-2 常州市环境资源区域补偿试点河流交界断面及水质目标

序号	河流名称	断面名称	断面所在地	交界	类别	考核市县	水质目标
1	丹金溧漕河	别桥	溧阳	金坛—溧阳		金坛	IV
2	北干河	上埝桥	武进	金坛—武进		金坛	IV
3	湟里河	三号桥	武进	金坛—武进		金坛	IV
4	尧塘河	太平桥	武进	金坛—武进		金坛	IV
5	德胜河	德胜河桥	钟楼	新北—钟楼		新北	IV
6	新藻港河	常林桥	新北	新北—钟楼		新北	IV
7	新孟河	沈家塘	武进	新北—武进		新北	IV
8	老澡江河	澡江花园东侧桥	新北	新北—天宁		新北	IV
9	澡江东支	河海东路桥	新北	新北—天宁		新北	IV
10	京杭运河	同安桥	天宁	钟楼—天宁		钟楼	IV
11	关河	青山桥	天宁	钟楼—天宁		钟楼	IV
12	京杭运河（新）	武进大桥	武进	钟楼—天宁		钟楼	IV
13	武宜运河	武宜河大桥	武进	钟楼—武进		钟楼	IV
14	京杭运河（新）	天宁大桥	戚区	天宁—戚区		天宁	IV
15	京杭运河	梅港	戚区	天宁—戚区		天宁	IV
16	采菱港	新 312 国道桥	天宁	天宁—武进		天宁	IV
17	北塘河	郑陆西街桥	武进	天宁—武进		天宁	IV
18	京杭运河	圩墩大桥	戚区	戚区—武进		戚区	IV
19	武进港	姚巷桥	武进	武进—无锡		武进	IV
20	雅浦	雅浦桥	武进	武进—无锡		武进	IV
21	太滆运河	分水桥	宜兴	武进—无锡		武进	IV
22	京杭运河	连江桥（热电厂）	新北	武进—钟楼		武进	IV
23	京杭运河	横洛间	武进	武进—无锡		武进	IV
24	桃花港	丁庄	新北	无锡—新北		参考断面	IV
25	京杭运河	九里	武进	镇江—武进		参考断面	IV
26	小夏溪河	泥碳桥	武进	镇江—武进		参考断面	IV
27	锡溧漕河	东尖桥	武进	无锡—武进		参考断面	IV
28	直湖港	雪堰中学	武进	无锡—武进		参考断面	IV
29	新沟河	粮庄桥	武进	无锡—武进		参考断面	IV
30	丁塘港	4 号桥	戚区	戚区—武进		参考断面	IV

序号	河流名称	断面名称	断面所在地	交界	类别	考核市县	水质目标
31	京杭运河（新）	平陵大桥	钟楼	—		参考断面	IV
32	新武宜运河	新武宜河大桥	武进	—		参考断面	IV
33	梅渚河	殷桥	溧阳	安徽—溧阳		参考断面	IV

资料来源：常州市环境资源区域补偿试点工作方案，常政发（〔2008〕126 号）。

根据《常州市环境资源区域补偿试点责任界定和资金核算分摊办法》规定，试点出境断面暂以 COD$_{Cr}$、氨氮和总磷三个指标IV类水标准为考核目标值，即 COD$_{Cr}$、氨氮和总磷考核目标分别是 30 毫克/升、1.5 毫克/升和 0.3 毫克/升。

凡直接排入太湖的或最终流出常州市境的河流断面当月水质指标不超过IV类水控制目标的，所在地及其上游辖市区政府均无须缴纳补偿资金。反之，如果直接排入太湖的或最终流出常州市境的河流断面当月水质指标超过IV类水控制目标的，所在地辖市区政府应当承担污染责任，同时追究河流上游辖市区政府污染责任。如上游当月水质也超过IV类水控制目标，也需要承担污染责任。对跨市的超标补偿，若由外省市补偿给常州市资金，则补偿给相应流入河流所在辖市区；反之，则由相应河流所在辖市区按权重分摊。

这里存在企业权属问题带来的生态补偿责任界定难题。调查发现，常州市新北区境内的国家高新技术开发区是 1992 年成立的国家级高新技术产业开发区，其入驻企业缴纳的税收也主要为常州市财政收入。而按照行政区边界水质区分补偿资金，在一定程度上使新北区政府承担了本该由常州市政府缴纳的生态环境补偿资金。

本书认为，现阶段生态补偿责任界定虽然遇到一些企业或水文等权属模糊带来的困难，但简单、易行的界定方式对区域水资源生态补偿机制的实施是有益的。从发展角度看，未来我们还要进一步做好水资源生态补偿机制与其他环境保护制度的衔接工作，以实现制度的成熟与发展。

三、常州市水资源生态环境补偿标准

设定合理的补偿标准是有效实施生态环境补偿机制的难点之一。补偿标准一

方面应体现水资源的价值，另一方面应与当地经济社会发展状况相联系。

按照《江苏省环境资源区域补偿办法（试行）》的最初规定，江苏太湖流域水资源生态补偿因子及标准暂定为：化学需氧量每吨 1.5 万元；氨氮每吨 10 万元，总磷每吨 10 万元。补偿资金核算方法为：单因子补偿资金 =（断面水质指标值 – 断面水质目标值）× 月断面水量 × 补偿标准，补偿资金为各单因子补偿资金之和。这个标准是在水污染处理成本基础上，为体现地方政府在环境保护的责任而制定的略高于处理成本的补偿标准。

但在 2008 年上半年的空转调试过程中，各辖区的市、区政府之间的补偿资金分摊多达几千万元，不少辖市、区政府认为如此多的补偿资金超过了地方政府的财政负担能力，因此建议省环保部门考虑水资源生态环境补偿标准与市县的经济实际状况和财政承受能力，确保生态环境补偿的可操作性。目前，在常州市环保局和辖区市、区环保局几轮的讨论协商后，常州市水资源生态环境补偿标准暂定为：化学需氧量每吨 0.5 万元、氨氮每吨 2 万元、总磷每吨 2 万元。各辖市区政府统一以Ⅳ类水为控制目标。

虽然，从形式上看，这个标准是由政府根据水污染治理成本等因素确定的，但其间的协商，反映了水资源生态环境补偿标准受各地支付能力和支付意愿的影响，其结果有市场的因素。因此，本书认为，水资源生态环境补偿标准的确定关键在于如何建立一个完善的府际协商机制，以有利于各方表达自身在生态环境补偿中的利益诉求。与此同时，建立透明、高效的水资源生态补偿资金管理制度也是生态补偿的一个重要问题。

第四节　常州市水资源生态环境补偿机制探讨

一、建立水资源生态补偿管理委员会

目前，常州水资源生态环境补偿的管理主要由市环保局和各县（区）环保局领导组成生态补偿领导小组进行统一的管理。可以发现，常州水资源生态环境补偿管理仍具有部门管理的特点，缺少部门间、上下级政府间的统一与协调。其他相关部门参与了水量监测、补偿资金管理，但却缺少补偿资金如何使用的发言权，因此这种管理模式很难激励其他部门积极参与水资源生态补偿管理。

从生态环境保护的角度讲，水资源生态环境补偿资金的使用也需要跳出部门的视野，结合常州市社会经济发展水平和市整体生态环境状况，按照优先次序进行长期的保护规划。所以，联合环保、水利、土地、财政等多个部门组成常州市区域生态环境补偿管理委员会，将有利于水资源生态补偿政策的推广和实施。另外，拓展公众在生态环境补偿中的渠道，促进区域生态环境补偿机制建设也有积极的意义。基于这些原因，本书认为，常州市区域生态环境补偿的管理由社区生态环境管理委员会和区域生态环境补偿管理委员会组成。

社区生态环境管理委员会既是基层生态环境补偿管理工作的机构，也是公众参与生态环境保护的基本平台。社区生态环境管理委员会可以与基层村民选举和社区管理委员会制度紧密结合起来，通过基层各个职能部门和企业、群众代表之间的充分协商，决定地方生态环境保护的发展规划，补偿资金的筹集方式和使用计划等。当然，不同地位和影响力的居民与政府部门之间形成平等的协商对话机制是非常困难的，尤其是在资源不对等的情况下，还很难看到合作带来的好处。因此，协商平台的建设需要政府长期的努力和宣传，需要说服某些政府部门和组织历届公众参与生态环境补偿的重要性和积极意义。

常州市水资源生态环境补偿管理委员会主要由市委市政府、各县区政府、环保局、水利局、建设局等单位组成。委员会主要职能是：制定全市生态补偿管理办法、制定生态补偿规划、管理生态补偿专项基金、协调和管理生态补偿机制实施过程中的具体事务、对全市生态补偿机制的实施效果进行评估，以及对居民进行环境教育等。各部门联合组成的生态补偿共享共建平台，有利于各利益相关方进行协商对话，从而使各项具体决策不仅能够充分代表社会相关各方的意见和利益，而且具有科学性和透明度。

二、完善生态环境补偿政策和环境保护相关政策的衔接

以财政转移支付为水资源生态环境补偿资金来源，其优势在于牵涉的利益关系较少，能够在短期内使江苏省生态环境补偿政策得到实施。从长期看，这并不完全符合"谁污染，谁补偿"的原则，不能从经济上约束排污者的行为。因此，生态环境补偿政策与其他相关环境保护政策相关衔接问题，是今后江苏省区域生态环境补偿需要进一步完善的地方，这也有助于促进各个地方政府更好地实施环境保护制度。

首先，现行的排污收费制度具有水资源生态补偿性质。水污染排污费是国家法律规定的专项收费，是国家对污染者的补偿性收费。企事业单位向环境排放污染物，给环境带来损害，按照国家规定缴纳排污费和超标准排污费，是排污单位对社会的一种经济补偿，是排污单位应该承担的一项法定义务。目前，各级环保部门征收的排污费，全部纳入各级地方财政预算，作为环境保护补助资金，按专项资金管理。环境保护补助资金主要用于补助重点排污单位治理污染源以及环境污染的综合性治理。排污收费制度与区域生态环境补偿制度衔接，一方面，可以实现企业对社会的责任，激励企业更好地进行排污治理；另一方面，通过区域生态环境补偿可以激励各行政区做好生态环境治理工作。

其次，做好城市污水处理费制度与水资源生态补偿制度的衔接。城市污水处理费是一项服务性收费，是承担城市污水集中处理任务的单位，按有关规定向排污者收取提供污水处理有偿服务的费用。目前，城市污水处理费已纳入水价的组成部分，由城市供水企业在收取水费中一并征收。常州污水管理费为每吨 1.15元，2005 年常州污水处理费的征收总量全年达到 8862.9 万元。常州城镇生活污水集中处理率为 55.7%。从各区污水处理厂数和收费情况看（见表 7-3），污水处理率较低的原因与其管理机制应该存在一定的关系。

表 7-3　2006 年常州城市污水处理厂及收费情况

	天宁	直属	新北	武进	溧阳	金坛	全市
污水处理厂数	—	6	—	2	1	2	11
收费（万元）	3530	—	763.5	2650	970.4	949	8862.9

资料来源：常州市环境保护统计资料（2006）[Z].常州市环境保护局，2007.

排污收费制度和城市污水处理费制度均具有生态环境补偿性质，两者都具有相对成熟的污染收费机制，且企业和居民的认同程度很高，因此生态环境补偿制度与环境保护相关制度的衔接可以先从这两个制度开始，理顺全市范围的生态环境保护与补偿之间的关系，然后逐步推广到其他生态环境的保护与补偿。

三、建立生态环境补偿专项基金

按照常州环境资源区域补偿试点资金分摊办法，在省河流监测断面水质达标情况下，市辖区政府均无须缴纳补偿资金；反之，则根据各行政区污染责任情况，分摊补偿资金。补偿资金采用财政转移支付的方式，按照各县（市）分摊责任，由省财政厅直接通知相关设区的市和县（市）财政分别向省财政交纳补偿资金，受偿资金也由省财政厅直接拨付相应社区的市和县（市）财政局。可以发现，在《常州市环境资源区域补偿试点责任界定和资金核算分摊办法》中，市政府承担了生态环境监测、补偿过程中的协调和管理等多方面任务，尤其是全市生态环境监测更需要较大的人力和物力。但常州市生态环境补偿资金并没有考虑这些管理和监测的成本，仅就跨市的生态环境补偿资金按一定权责进行了分摊。换句话说，在"省管县"的财政体制下，市政府对辖市、区政府的财政管理权力有所减弱，造成市政府虽然有全市生态环境管理的权力，但很难将全市生态环境监测、管理成本纳入补偿资金，长期下去，市政府将缺乏区域生态环境补偿管理的动力，不利于补偿机制的发展。

在我国设立独立运行的基金会受到种种限制，而且运作成本也很高。建立生态环境补偿专项基金可以避免财政转移支付手段引发的一系列问题，同时也有利于保证生态补偿资金的持续性和透明性，运行成本较低。生态环境补偿专项基金可在政府部门已注册的环境保护基金会中设立，独立核算基金，由市区域生态环境补偿委员会对专项基金进行统一管理。为保证生态环境补偿方案实施的有效性，可以由基金会成立技术咨询委员会，负责对决策提供技术支持，这将有助于提高基金运作和管理的效率。

遵循国际上基金会管理的通行做法，基金会的运作和管理遵循公开、透明的原则，实行信息披露，接受社会监督。一方面，基金会受政府监督，接受年度检查，并将年度工作报告在指定的媒体上公布，接受社会的查询、监督；另一方面，基金会应依法接受税务监督和会计监督。与财政转移支付相比，水资源生态环境补偿专项基金公开、透明，有更好的社会公信力、有助于调动全社会的力量关心、支持和参与环保事业的热情和积极性，为生态环境补偿制度的发展创造良好的社会环境和氛围。

四、试点常州水资源生态环境补偿监测服务市场转型

目前，常州市的水资源生态环境监测工作主要由常州市环境监测中心完成。常州市环境监测中心站始建于 1978 年，是常州市公益性全额拨款事业单位，现有员工 72 人，其中研究员级高级工程师 1 名、高级工程师 8 名、硕士 7 人，职工平均年龄为 36.2 岁。1990 年 12 月，该站成为江苏省第一家通过计量认证的环境监测实验室，2003 年 5 月获得中国实验室国家认可委员会的认可证书。这表明常州环境监测站已经具备按有关国际认可准则开展检测服务的技术能力。

从常州环境监测站从事的相关任务看，目前该站主要承接的业务包括常州市环境质量监测、污染源监督监测、环境管理执法监测、环境监测科研和对外技术服务五方面工作。由于对环境监测和环境监察概念理解的混淆，作为全额财政拨款的常州监测站也从事着环境监测的市场技术服务咨询，这无疑增大了该站环境执法监测过程中的舞弊行为，也削弱了环境监测数据的客观性和公正性。

受环境监测体制影响，常州区域水资源生态补偿监测服务的任务目前仍然由市环境监测站承担。按照常州市环保部门工作人员的说法，这样的制度安排保证了监测数据的权威性。但正如第六章分析，本书认为，在市财政全额拨款情况下，环境监测站的监测数据难以保证其独立性，监测过程很容易受到常州市政府的干预。从环境监测市场发展看，这样的制度安排也难以使社会资本进入区域水资源生态环境监测市场，不利于常州环境保护产业的发展。

从制度设计的角度看，水资源生态补偿监测服务可以由常州水资源生态环境补偿管理委员会按照公开招标的形式，接受包括常州市环境监测站在内的有环境监测咨询能力和资质的公司或研究机构的投标。中标公司在一定时期内将监测数据公布上网，接受委员会、企业和公众的监督。委员会自行委托环保部门对中标

公司公布的数据进行审核，并设置相应渠道接受企业和公众的对环境监测的质疑及投诉，对监测数据造假或监测标准不达标等行为，企业将在一定时期内不再拥有监测服务资格。

另外，常州环保产业起步较早，20 世纪 70 年代末，一些企业特别是乡镇企业在市场的拉动下走上了发展环保产业之路，成为环保产业的先行者。经过多年的发展，常州环境产业已有一定基础，初步形成环保项目开发、咨询、设计、成套设备制造、工程建设、安装调试和项目营运的综合能力，一些骨干企业已形成了以现代企业制度为特征的企业运行机制。2001 年，常州还成为国家级的环保产业基地。应该说，常州环保产业已经有提供区域水资源生态监测服务的能力。在常州水资源生态补偿试点过程中，逐步开放环境监测市场对常州环保产业的发展是一个非常有利的时机。

第五节　本章小结

本章为中观层次的生态补偿案例研究。综合运用文献资料分析、半结构访谈和实地考察相结合的方法，对常州市水资源生态状况进行了分析，指出其当前面临的问题和威胁；通过对生态补偿主体确定、补偿责任区分和补偿标准等方面的分析，本书认为：

（1）现阶段常州市水资源生态补偿主体为市、区政府以及环保和财政部门。虽然短期看，这样的制度设计减少了水资源生态补偿的交易成本。但从环境管理的可持续来看，这将损害相关部门以及公众的长期权益。根据常州现行政治经济状况，常州市区域水资源生态补偿的管理可以组建社区生态环境管理委员会和区域生态环境补偿管理委员会，分别负责基层生态补偿事务工作和常州市生态补偿规划与管理。

（2）现阶段生态补偿责任界定虽然遇到一些企业或水文等权属模糊带来的困难，但简单、易行的界定方式对区域水资源生态补偿机制的实施是有益的。长期来看，生态补偿机制还需要和排污收费制度、城市污水处理费制度的衔接，并逐步推广到其他生态环境的保护与补偿。

（3）区域水资源生态补偿标准的确定应结合当地的经济状况，关键在于如何建立一个完善的府际协商机制，以有利于各方表达自身在生态环境补偿中的利益诉求。与此同时，建立透明、高效的水资源生态补偿专项基金管理制度也是生态补偿的一个重要问题。

第八章　结论与展望

当前，生态环境问题已经成为我国经济社会发展的"瓶颈"。生态补偿机制已成为社会各界共同关注的热点问题。区域水资源生态补偿的本质是通过对水资源保护和开发者经济利益的调整，达到促进自然环境以及社会经济系统可持续发展的目的。随着政府主导的生态补偿模式逐渐显示出诸多弊端，建立一个包括企业、社团以及普通公众参与的区域水资源生态补偿机制，将更具有现实意义。补偿主体的拓展使我们从深层次上理解了区域水资源生态补偿的跨区协调合作、补偿标准、资金使用与筹集、监测服务等各个环节中，相关利益主体之间控制与依赖、课责与妥协的微妙关系，从而使本书对生态补偿机制建设的建议更具有可操作性。本书正是在这样的观点下展开的研究，并得出以下结论。

第一节　研究结论

（1）受水资源产权界定和生态补偿范围确定成本的影响，区域水资源生态补偿在一段时间内将仍以政府主导下的准市场模式为主要特征。但长期看，在区域水资源生态补偿的跨区协调、补偿资金的使用和筹措、生态监测服务等重要环节建立包含纵向和横向政府间协作以及政府部门、企业、社团和公众之间的沟通和合作机制，是实现区域水资源生态环境和社会经济可持续发展的根本。

（2）在当前人们联系越来越紧密的现代社会，区域水资源生态补偿的府际协调中的公众参与始终是存在的，其形态多样，而政府各部门对公众参与的态度和影响也存在差异。府际协调演化博弈证明，在区域生态环境治理过程中，对生态建设和保护者的经济补偿是推动区域生态环境可持续发展的重要手段。正是通过相互依赖的府际协调主体间的议价和协商，才实现了区域水资源生态补偿的协调发展。基于府际协调理论，建立区域水资源生态补偿管理委员会和基层水资源生态补偿管理机构，以及相应的辅助机制，可以在尊重目前各部门的利益前提下，为各类不同层次的生态补偿主体的协调和沟通创造了机会，有利于府际间达成水资源生态补偿的协作。

（3）区域水资源生态补偿标准是动态的，受区域经济发展水平和生态环境压力影响，同时也是特定时期各方利益相关群体相互协商的结果。区域水资源生态补偿标准的确定应简单、明确。基于区域水质水量的生态补偿是一种阶段补偿方式，主要适用于区域水资源生态环境处于水资源生态系统演化的新平衡状态阶段。当上游行政区水资源生态环境逐渐恢复时，区域水资源生态补偿模型应进行调整，逐步建立区域水资源生态保护补偿模型。支付意愿模型也是空间跨度较小的区域水资源生态补偿标准确定的常用办法。

（4）区域水资源生态补偿存在实施成本问题，简单而直接的补偿方式将节省谈判和交易的成本，而补偿方式的多样性可以大大增强补偿的适应性、灵活性和弹性。同样，多渠道、多层次的区域水资源生态补偿资金筹措方式解决了补偿资金的不足和缺乏灵活性等问题。

（5）区域水资源生态环境监测是环境技术服务的一个重要组成部分。作为一种技术服务交易，区域水资源生态补偿监测服务存在政府与监测部门合谋的可能。公众参与监测市场的监督可以起到改善监测服务质量的作用。环境监测市场化对理顺区域水资源生态补偿机制中各类主体的关系，推动环境监测主体的多样性，促进市场的繁荣和发展，提高官僚体制的弹性和效率，具有重要的现实意义。

第二节 不足与展望

区域水资源生态补偿机制研究是近年来学者引起关注的课题，无论是区域水资源管理体制还是生态补偿机制建设，都正在不断发展和完善，还需要接受理论和实践的检验。本书的研究是笔者对区域水资源生态补偿机制部分环节的体会，具有一定的局限性，还需要进一步的研究。

（1）区域水资源生态补偿是一个系统工程，本书侧重于水资源生态补偿经济管理角度的分析，对法律建设方面研究尚有不足，深入研究其法律机制建设，对完善区域水资源生态补偿理论基础具有积极的意义。

（2）各个地方经济发展水平和生态环境压力对区域水资源生态补偿标准确定、影响程度在存在差异，对补偿标准确定过程的影响方式也不一样，这方面的后续研究对我国全方位推进区域水资源生态补偿机制作用重大。

（3）在我国处于经济政治体制转型过程中，我国生态补偿机制形成了多种交易类型和交易方式并存的格局，这些交易类型的发展与国家和地方的制度安排产生了复杂的交互影响。

国内水资源生态补偿试点还处于起步阶段，即使国际上的所谓流域生态服务市场化交易的各种方式总体上也处于摸索阶段，需要我们不断实践、思考和交流，从而使我国生态补偿机制有所积累和突破。

参考文献

［1］Agranoff, Robert. Directions in Intergovernmental Management ［J］. International Journal of Public Administration, 1988, 11 (4): 357-391.

［2］Anderson W. Intergovernmental Relations in Review ［M］. Minneapolis: University of Minnesota Press, 1960.

［3］Aucoin P. Administrative Reform in Public Management: Paradigms, Principles, Paradoxes and Pendulums ［J］. Governance, 1990, 3 (2): 115-137.

［4］Bardach, E. The Implementation Game: What Happens after a Bill Becomes a Law ［M］. Cambridge, MA: MIT Press, 1977.

［5］Bishop R C. Using Surveys to Value Public Goods: The Continent Valuation Method ［M］//Using Surveys to Value Public Goods. Resources for the Future, 1989.

［6］Bovaird T, Loffler E. Moving from Excellence Models of Local Service Delivery to Benchmarking "Good Local Governance" ［J］. International Review of Administrative Sciences, 2002, 68 (1): 9-24.

［7］Boorsma P. B. & Halachmi A. Introduction: Warp and Weft ［M］// A. Halachmi & P. B. Boorsma (eds.), Inter and Intra Government Arrangements for Productivity: An Agency Approach. Boston: Kluwer Academic Publishers, 1998.

［8］Chandler, J. A. Local Government Today ［M］. Manchester University Press, 1996.

［9］Christensen, Karen Stromme. Cities and Complexity: Making Intergovernmental Decisions ［M］. London: Sage, 1999.

［10］C L Wilson, W H Matthews. Man's Impact on the Global Environment:

Assessment and recommendations for action [M]. Report of the Study of Critical Environment Problems (SCEP), Cambridge, Massachusetts, MIT Press, 1970.

[11] Constanza R, D Arge R, Rudolf de Groot, et al. The Value of the World's Ecosystem Services and Natural Capital [J]. Nature, 1997, 387: 253-260.

[12] Cuperus R, K J Canters, A G Piepers. Ecological compensation of the impacts of a road. Preliminary method for the A50 road link [J]. Ecological Engineering, 1996 (7): 327-349.

[13] Daily G C, et al. Nature's Service: Societal Dependence on Natural Ecosystems [M]. Washington: Island Press, 1997.

[14] Deil S. Wright. Understanding Intergovernmental Relations: Public Policy and Participants [M]. Mass: Duxbury Press, 1978.

[15] Dixon J A. Analysis and Management of Watersheds [J]. Environment & Emerging Development Issues, 2000 (1): 371-399.

[16] Ehrlich P R, Ehrlich A H. Extiction [M]. New York: Ballantine, 1981.

[17] Gage R W. Key Intergovernmental Issues and Strategies: An Assessment and Prognosis [M]//R. W. Gage & M. P. Mandell (eds.). Strategies for Managing Intergovernmental Policies and Networks, New York: Praeger, 1990.

[18] Gary Marks. Structural Policy and Multilevel Governance in the EC [M]// The State of the European Community, eds. Alan Cafruny and Glenda Rosenthal. Boulder. CO: Lynne Rienner, 1993.

[19] Gren I M, Groth K H, Sylvén M. Economic Values of Danube Floodplains [J]. Journal of Environmental Management, 1995, 45 (4): 333-345.

[20] Grossman G M, Krueger A. Environmental Impacts of a North American Free Trade Agreement [M]//P. Garber, eds. The Mexico-U. S. Free Trade Agreement, Cambridge MA: MIT Press, 1993.

[21] Gunton T, I Vertinsky. Reforming the Decision-making Process for Forest land Planning in British Columbia [R]. Final Report to the BC Forest Resources Commission. Vancouver, BC, 1991.

[22] Hall, Richard H., et al. Interorganizational Coordination in the Delivery of Human Services [M]//Lucian Karpik eds. Organization and Environment: Theory, Issues, and Reality. New York: Sage Publication, 1978.

[23] Hannigan J. A. Environmental Sociology: A Social Constructionist Perspective [M]. Routledge London and New York, 1995.

[24] Holdren J P, Ehrlich P R. Human population and the global environment [J]. American Scientist, 1974, 62 (3): 282-292.

[25] Hood C C. A Public Management for All Seasons? [J]. Public Administration, 1991, 69 (1): 3-19.

[26] Ian Kirkpatrick, Miguel Martinez Lucio. Introduction: The Contract State and the Future of Public Management [J]. Public Administration, 2010, 74 (1): 1-8.

[27] Jackson L S. Contemporary public involvement: Toward a strategic approach [J]. Local Environment, 2001, 6 (2): 135-147.

[28] Jr Laurence J, O'Toole, K. J. Meier. Parkinson's Law and the New Public Management? Contracting Determinants and Service -Quality Consequences in Public Education [J]. Public Administration Review, 2004, 64 (3): 342-352.

[29] Landellmills N, Porras I T, et al. Silver bullet or fools' gold? A Global Review of Markets for Forest Environmental Services and Their Impact on the Poor [J]. Silver Bullet or Fools Gold a Global Review of Markets for Forest Environmental Services & Their Impact on the Poor, 2002.

[30] Loomis J, Kent P, Strange L, et al. Measuring the total economic value of restoring ecosystem services in an impaired river basin: Results from a contingent valuation survey [J]. Ecological Economics, 2000, 33 (1): 103-117.

[31] Malik A S. Markets for Pollution Control When Firms Are Noncompliant [J]. Journal of Environmental Economics & Management, 2005, 18 (2): 97-106.

[32] Marks G, Hooghe L, Blank K. European Integration from the 1980s: State-centric ver sus Multilevel Governance [J]. Journal of Common Market Studies, 1996, 34 (3): 341-378.

[33] Mayrand K, Paquin M. Payment for Environmental Services: A Survey and Assessment of Current Schemes [J]. Journal of Helminthology, 2004, 1 (2): 77–80.

[34] Michael Jenkins, Sara J Scherr, Mira Inbar. Markets for Biodiversity Services: Potential Roles and Challenges [J]. Environment Science & Policy for Sustainable Development, 2004, 46 (6): 32–42.

[35] Mitchell R K, Agle B R, Wood D J. Toward a Theory of Stakeholder Identi fication and Salience: Defining the Principle of Who and What Really Counts [J]. Academy of Management Review, 1997, 22 (4): 853–886.

[36] Osborn F. Our Plundered Planet [M]. Boston: Little and Brown Company, 1948.

[37] Pagiola S, Platais G. Payments for Environmental Services: From Theory to Practice [M]. The World Bank, Washington, 2007.

[38] Pattanayak S K. Valuing watershed services: Concepts and empirics from southeast Asia [J]. Agriculture Ecosystems & Environment, 2004, 104 (1): 171–184.

[39] Pressman, Jeffrey L, Aaron Wildavsky. Implementation [M]. Berkeley, CA: University of California Press, 1984.

[40] Pressman, Jeffrey L. Federal Programs and City Politics [M]//Laurence J. O'Toole Jr. eds. American Intergovernmental Relations: Foundations, Perspectives, and Issues. Washington, DC: Congressional Quarterly Inc., 1993 (1): 181–182.

[41] Rhodes R A W. Understanding Governance: Policy networks, governance, reflexivity, and accountability [J]. Social Studies, 1998, 39 (4): 182–184.

[42] Rogers D L, Whetten D A. Interorganizational Coordination: Theory, Re-search, and Implementation [J]. Contemporary Sociology, 1982, 3 (2): 7–14.

[43] Rosa H, Kandel S, Dimas L, et al. Compensation for environmental ser-vices and rural communities. Lessons from the Americas and key issues for strengthen-ing community strategies [J]. Molecular Carcinogenesis, 2016, 54 (1): 72–82.

[44] Rosenthal S R. New Directions for Evaluating Intergovernmental Programs

[J]. Public Administration Review, 1984, 44 (6): 469–476.

[45] Samanns E. Mitigation of Ecological Impacts: A Synthesis of Highway Practice [M]. National Acadmey Press, 2002.

[46] Sara J, Scherr, et al. Developing Future Ecosystem Service Payment in China: Lessons Learned from International Experience [EB/OL]. 2006. http: //www. forest-trends.org/documents/publications/ChinaPES%20from% 20Caro. pdf.

[47] Seidman H, Gilmour R S. Politics, Position, and Power: From the Positive to the Regulatory State [J]. Review of Black Political Economy, 1986, 1 (3): 101–119.

[48] Sherry R Arnstein. A Ladder of Citizen Participation [J]. Journal of the American Planning Association, 1969, 35 (4): 216–224.

[49] Sifneos J C, M E Kentula, P Price. Impacts of Section 404 Permits Requiring Compensatory Mitigation of Freshwater Wetlands in Texas and Arkansas [J]. Texas Journal of Science, 1992, 44 (4): 475–485.

[50] Stranlund J K, Dhanda K K. Endogenous Monitoring and Enforcement of a Transferable Emissions Permit System [J]. Journal of Environmental Economics & Management, 1999, 38 (3): 267–282.

[51] Sullivan H, Skelcher C. Working across Boundaries: Collaboration in Public Services [J]. Health & Social Care in the Community, 2003, 11 (2): 185–185.

[52] Van Egteren H, Weber M. Marketable Permits, Market Power, and Cheating [J]. Journal of Environmental Economics and Management, 1996, 30 (2): 161–173.

[53] Vogt W. Road to Survival [M]. New York: William Sloan, 1948.

[54] Walker, David B. Rebirth of Federalism: Slouching toward Washington [M]. New York: Seven Bridges Press, 2000.

[55] Westman We. How Much are Nature's Services Worth? [J]. Science, 1977 (197): 960–964.

[56] Wright, Deil S. Understanding Intergovernmental Relations. 3rd Eds. [M]. Pacific Grove, California: Brooks/Cole Publishing Company, 1988.

[57] [美] H. A. 西蒙. 管理行为——管理组织决策过程的研究 [M]. 北京：北京经济学院出版社，1991.

[58] [英] 阿弗里德·马歇尔. 经济学原理 [M]. 北京：华夏出版社，2005.

[59] [英] 奥斯特罗姆等. 制度分析与发展的反思——问题与抉择 [M]. 北京：商务印书馆，1996：9.

[60] [美] 巴泽尔. 产权的经济分析 [M]. 上海：上海三联书店，2004.

[61] [美] 保罗·萨缪尔森，[美] 威廉·诺德豪斯. 经济学 [M]. 萧琛译. 北京：人民邮电出版社，2004.

[62] [英] 庇古. 福利经济学 [M]. 金镝译. 北京：华夏出版社，2007.

[63] 蔡岚. 区域政府合作难题的理论阐述 [J]. 云南行政学院学报，2007（6）：69-71.

[64] 陈阿江. 从外源污染到内生污染——太湖流域水环境恶化的社会文化逻辑 [J]. 学海，2007（1）：36-41.

[65] 陈丹红. 构建生态补偿机制实现可持续发展 [J]. 生态经济，2005（12）：48-50.

[66] 陈光庭. 从观念到行动：外国城市可持续发展研究 [M]. 北京：世界知识出版社，2002.

[67] 陈国权，李院林. 县域社会经济发展与府际关系的调整——以金华—义乌府际关系为个案研究 [J]. 中国行政管理，2007（2）：99-103.

[68] 陈立刚. 府际合作关系研究：跨区域管理合作模式之分析及其策略 [C]. 府际关系学术研讨会，台北：东吴大学政治学系，2001.

[69] 陈钦，刘伟平. 公益林生态效益补偿的市场机制研究 [J]. 农业现代化研究，2006（5）：386-388.

[70] 陈瑞莲，胡熠. 我国流域区际生态补偿：依据、模式与机制 [J]. 学术研究，2005（9）：71-74.

[71] 陈瑞莲. 论区域公共管理研究的缘起与发展 [J]. 政治学研究，2003（4）：75-84.

[72] 陈剩勇，马斌. 区域间政府合作：区域经济一体化的路径选择 [J]. 政治

学研究，2004（1）：24–34.

[73] 陈源泉，高旺盛. 基于生态经济学理论与方法的生态补偿量化研究［J］.系统工程理论与实践，2007（4）：165–170.

[74]［英］大卫·李嘉图. 政治经济学及赋税原理［M］. 郭大力等译. 北京：华夏出版社，2005.

[75]［英］大卫·李嘉图：政治经济学及赋税原理［M］//［英］彼罗·斯拉法.李嘉图著作和通信录. 北京：商务印书馆，1997.

[76]［英］戴维·卡梅伦，张大川. 政府间关系的几种结构［J］. 国际社会科学杂志，2002（1）：115–121.

[77]［美］德内拉·梅多斯，［美］乔根·兰德斯，［美］丹尼斯·梅多斯. 增长的极限［M］. 李涛等译. 北京：机械工业出版社，2006.

[78] 杜万平. 完善西部区域生态补偿机制的建议［J］. 中国人口·资源与环境，2001，11（3）：119–120.

[79] 付健. 我国生态补偿制度若干问题探析——以广西桂林阳朔大榕树风景区群体纠纷为例［J］. 学术论坛，2007（10）：158–161.

[80] 付永. 中国区域经济合作的制度分析［J］. 改革与战略，2006（2）：106–108.

[81] 高伟生，许培源. 区域内地方政府合作与竞争的博弈分析［J］. 企业经济，2007（5）：132–134.

[82] 葛颜祥，梁丽娟，接玉梅. 水源地生态补偿机制的构建与运作研究［J］.农业经济问题，2006（9）：22–27.

[83] 耿福明，薛联青，吴义锋. 基于净效益最大化的区域水资源优化配置［J］. 河海大学学报（自然科学版），2007（2）：149–152.

[84] 关劲峤，黄贤金，刘红明等. 太湖流域水环境变化的货币化成本及环境治理政策实施效果分析——以江苏省为例［J］. 湖泊科学，2003（3）：275–279.

[85] 关晓丽，孙德超. 府际和谐：和谐社会的政治基础［J］. 马克思主义与现实，2007（5）：169–172.

[86] 韩东娥. 完善流域生态补偿机制与推进汾河流域绿色转型［J］. 经济问

题，2008（1）：44–46.

[87] 何水. 中国公共管理制度创新：多元主体之互动与合作［J］. 云南社会科学，2007（2）：27–30.

[88] 贺思源，郭继. 主体功能区划背景下生态补偿制度的构建和完善［J］. 特区经济，2006（11）：194–195.

[89] 洪大用. 试论改进中国环境治理的新方向［J］. 湖南社会科学，2008（3）：79–82.

[90] 胡庆和. 流域水资源冲突集成管理研究［D］. 河海大学博士学位论文，2007.

[91] 胡仪元. 西部生态经济开发的利益补偿机制［J］. 社会科学辑刊，2005，157（2）：81–85.

[92] 胡熠，黎元生. 论流域区际生态保护补偿机制的构建——以闽江流域为例［J］. 福建师范大学学报（哲学社会科学版），2006（6）：53–58.

[93]《环境科学大辞典》编委会. 环境科学大辞典［M］. 北京：中国环境科学出版社，1991：326.

[94] 黄河，李永宁. 关于西部退耕还林还草工程可持续性推进问题的几点思考：基于相关现实案例分析［J］. 理论导刊，2004（2）：25–27.

[95] 金太军. 从行政区行政到区域公共管理——政府治理形态嬗变的博弈分析［J］. 中国社会科学，2007（6）：53–65.

[96] 孔凡斌，魏华. 森林生态保护与效益补偿法律机制研究［J］. 干旱区资源与环境，2004，18（5）：112–118.

[97] 孔凡斌. 试论森林生态补偿制度的政策理论、对象和实现途径［J］. 西北林学院学报，2003（2）：101–104，115.

[98] 黎元生，胡熠. 闽江流域区际生态受益补偿标准探析［J］. 农业现代化研究，2007（5）：327–329.

[99] 李文华，李世东，李芬. 森林生态补偿机制若干重点问题研究［J］. 中国人口·资源与环境，2007（2）：13–18.

[100] 李文华. 探索建立中国式生态补偿机制［J］. 环境保护，2006（10A）：

4–8.

[101] 李文星，朱凤霞. 论区域协调互动中地方政府间合作的科学机制构建[J]. 经济体制改革，2007（6）：128–131.

[102] 李英，曹玉昆. 居民对城市森林生态效益经济补偿支付意愿实证分析[J]. 北京林业大学学报，2006（12）：155–158.

[103] 李莹，白墨，杨开忠. 居民为改善北京市大气环境质量的支付意愿研究[J]. 城市环境与城市生态，2001（5）：6–8.

[104] ［美］理查德·D.宾厄姆等. 美国地方政府管理：实践中的公共行政[M]. 北京：北京大学出版社，1997.

[105] 廖万林. 略论环境价值[J]. 现代电力，1987（1）：110–114.

[106] 林靓靓，肖伯萍，毕华兴. 论建立水土保持生态补偿机制的必要性[J]. 中国水土保持，2008（1）：22–24.

[107] 林佩凤，王丽琼，张江山. 水资源价值损失模糊估算模型的改进与应用[J]. 环境科学与技术，2007（1）：66–67.

[108] 林毅夫，刘培林. 中国的经济发展战略与地区收入差距[J]. 经济研究，2003（3）：19–25，89.

[109] 林震. 政策网络分析[J]. 中国行政管理，2005（9）.

[110] 刘成玉，孙加秀，周晓庆. 推动生态补偿机制从理念到实践转化的路径探讨[J]. 生态经济，2007（3）：56–58.

[111] 刘桂环，张惠远，万军. 京津冀北流域生态补偿机制初探[J]. 中国人口·资源与环境，2006（4）：120–124.

[112] 刘明远，郑奋田. 论政府包办型生态建设补偿机制的低效性成因及应对策略[J]. 生态经济，2006（2）：81–84.

[113] 刘思华. 生态经济价值问题初探[J]. 学术月刊，1987（11）：1–7.

[114] 刘晓红，虞锡君. 基于流域水生态保护的跨界水污染补偿标准研究——关于太湖流域的实证分析[J]. 生态经济，2007（8）：129–135.

[115] 刘晓静. 中国环保产业定义与统计分类[J]. 统计研究，2007（8）：22–25.

[116] 刘燕，潘杨，陈刚. 双二元经济结构下的生态建设补偿机制［J］. 中国人口·资源与环境，2006（3）：43-47.

[117] 刘雨林. 关于西藏主体功能区建设中的生态补偿制度的博弈分析［J］. 干旱区资源与环境，2008（1）：7-15.

[118] 刘玉龙，许凤冉，张春玲. 流域生态补偿标准计算模型研究［J］. 中国水利，2006（22）：35-38.

[119] 刘祖云. 政府间关系：合作博弈与府际治理［J］. 学海，2007（1）：79-87.

[120] 龙爱华，徐中民，张志强. 基于边际效益的水资源空间动态优化配置研究——以黑河流域张掖地区为例［J］. 冰川冻土，2003（4）：407-413.

[121] 龙朝双，王小增. 我国地方政府间合作动力机制研究［J］. 中国行政管理，2007（6）：65-68.

[122] 吕忠梅. 超越与保守：可持续发展视野下的环境法创新［M］. 北京：法律出版社，2003.

[123] ［英］马尔萨斯. 人口原理［M］. 朱泱等译. 北京：商务印书馆，1992.

[124] 马杰，孙彬. 上半年环保总局共处理突发性环境事件86起［EB/OL］. ［2006-7-26］. http：//news.sina.com.cn/o/2006-07-26/22269575332s.shtml.

[125] 马力. 环保总局局长：当好官别污染，治理污染要有勇气［N］. 新京报，2006-04-20.

[126] ［美］曼昆. 经济学原理［M］. 梁小民译. 北京：北京大学出版社，2006.

[127] 毛春梅，袁汝华. 黄河流域水资源价值的计算与分析［J］. 中国人口·资源与环境，2003（3）：28-32.

[128] 毛锋，曾香. 生态补偿的机理与准则［J］. 生态学报，2006（11）：3841-3846.

[129] 毛显强，钟瑜，张胜. 生态补偿的理论探讨［J］. 中国人口·资源与环境，2002，12（4）：38-41.

[130] ［美］米歇尔·克罗齐埃. 科层现象：论现代组织体系的科层倾向及其

与法国社会和文化体系的关系 [M]. 刘汉全译. 上海：上海人民出版社，2002.

[131] 欧名豪，宗臻铃，董元华. 区域生态重建的经济补偿办法探讨——以长江上游地区为例 [J]. 南京农业大学学报，2000（4）：109-112.

[132] 潘岳. 公众需深度参与环保 [EB/OL]. http：//news.sina.com.cn/c/2007-04-01/112111542226s.shtml，2007-04-01.

[133] 彭水军，包群. 经济增长与环境污染——环境库兹涅茨曲线假说的中国检验 [J]. 财经问题研究，2006（8）：3-17.

[134] 彭晓明，王红瑞，董艳艳. 水资源稀缺条件下的水资源价值评价模型及其应用 [J]. 自然资源学报，2006（4）：670-675.

[135] 乔耀章. 区域政府管理问题初探 [J]. 新视野，2006（6）：98-100.

[136] 秦鹏. 论我国区际生态补偿制度之构建 [J]. 生态经济，2005（12）：51-53.

[137] 丘海雄，张应祥. 理性选择理论述评 [J]. 中山大学学报（社会科学版），1998（1）：117-123.

[138] 芮国强，郭风旗. 域公共管理模式：理论基础与结构要素 [J]. 江海学刊，2006（5）：211-215.

[139] 邵东国，贺新春，黄显峰，沈新平. 基于净效益最大的水资源优化配置模型与方法 [J]. 水利学报，2005（9）：1050-1056.

[140] 沈满洪，陆菁. 论生态保护补偿机制 [J]. 浙江学刊，2004（4）：217-220.

[141] 世界银行. 2008 财年对华贷款 15 亿多美元重点放在应对环境社会挑战的机制创新 [EB/OL]. http：//www.shihang.org/zh/news/press-release/2008/06/25/world-banks-lending-china-reaches-us15-billion-focus-innovation-social-environ-mental-challenges，2008-06-25.

[142] 宋文献，罗剑朝. 我国生态环境保护和治理的财政政策选择 [J]. 生态经济，2004（9）：36-39.

[143] 孙新章，谢高地，张其仔等. 中国生态补偿的实践及其政策取向 [J]. 资源科学，2006（4）：25-30.

[144] 孙钰. 探索建立中国式生态补偿机制——访中国工程院院士李文华 [J]. 环境保护, 2006 (10): 4-8.

[145] 陶然, 徐志刚, 徐晋涛. 退耕还林、粮食政策与可持续发展 [J]. 中国社会科学, 2004 (5): 25-38.

[146] 万军, 张惠远, 王金南. 中国生态补偿政策评估与框架初探 [J]. 环境科学研究, 2005 (2): 1-8.

[147] 王川兰. 从二分到合作: 区域经济发展中的公共行政结构与范式 [J]. 学术月刊, 2007 (5): 90-95.

[148] 王聪. 论 BOT 融资模式筹集森林生态效益补偿资金 [J]. 绿色中国, 2004 (12): 36-37.

[149] 王健等. "复合行政"的提出——解决当代中国区域经济一体化和行政区划冲突的新思路 [J]. 中国行政管理, 2004 (3): 7-14.

[150] 王金龙, 马为民. 关于流域生态补偿问题的研讨 [J]. 水土保持学报, 2002 (12): 82-83.

[151] 王钦敏. 建立补偿机制保护生态环境 [J]. 求是, 2004 (13): 55-56.

[152] 王晓毅. 农村环境问题与农村发展 [R]. 在中国社会科学院研究生院的报告, 2008-04-14.

[153] 王志凌, 谢宝剑, 谢万贞. 构建我国区域间生态补偿机制探讨 [J]. 学术论坛, 2007 (3): 119-125.

[154] 吴晓青, 洪尚群, 段昌群. 区际生态补偿机制是区域间协调发展的关键 [J]. 长江流域资源与环境, 2003 (1): 13-16.

[155] [美] 西奥多·W.舒尔茨. 改造传统农业 [M]. 梁小民译. 北京: 商务印书馆, 1987.

[156] 肖建华, 邓集文. 多中心合作治理: 环境公共管理的发展方向 [J]. 林业经济问题, 2007 (2): 49-53.

[157] 谢庆奎. 中国政府的府际关系研究 [J]. 北京大学学报 (哲学社会科学版), 2000 (1): 26-34.

[158] 谢识予. 有限理性条件下的进化博弈理论 [J]. 上海财经大学学报,

2001，3（5）：3-9.

[159] 谢永刚，姜睿. 湿地自然保护区生态需水供水成本补偿机制探索——以黑龙江省扎龙湿地为例 [J]. 求是学刊，2006（1）：67-72.

[160] 胥树凡. 环境监测体制改革的思考 [J]. 环境保护，2007（10）：15-17.

[161] 徐传谌，秦海林. 地方政府合作机制新探 [J]. 江汉论坛，2007（6）：52-55.

[162] 徐大伟，郑海霞，刘民权. 基于跨区域水质水量指标的流域生态补偿量测算方法研究 [J]. 中国人口·资源与环境，2008（4）：189-194.

[163] 徐望北. 试论从东部地区水价中征收西部生态补偿资金 [J]. 价格理论与实践，2007（2）：15-16.

[164] 严会超，吴文良. 试论生态环境补偿与生态可持续发展 [J]. 农业现代化研究，2005（1）：14-16.

[165] 杨爱平，陈瑞莲. 从"行政区行政"到"区域公共管理"——政府治理形态嬗变的一种比较分析 [J]. 江西社会科学，2004（11）：23-31.

[166] 杨东平. 中国环境的转型与博弈 [M]. 北京：社会科学文献出版社，2007.

[167] 杨逢珉，孙定东. 欧盟区域治理的制度安排——兼论对长三角区域合作的启示 [J]. 世界经济研究，2007（5）：82-85.

[168] 叶文虎，魏斌，仝川. 城市生态补偿能力衡量和应用 [J]. 中国环境科学，1998，18（4）：98-301.

[169] 叶正波. 可持续发展预警系统理论及实践 [M]. 北京：经济科学出版社，2002.

[170] 殷存毅. 区域协调发展：一种制度性分析 [J]. 公共管理评论，2004，35（2）：41-42.

[171] 殷国玺，尚长风，张展羽. 排污监察博弈与策略选择 [J]. 数学的实践与认识，2007（15）：7-14.

[172] 虞锡君. 构建太湖流域水生态补偿机制探讨 [J]. 农业经济问题，2007（9）：56-59.

[173] 虞锡君. 建立邻域水生态补偿机制的探讨 [J]. 环境保护，2007（1）：61–62.

[174] [英] 约翰·穆勒. 政治经济学原理 [M]. 赵荣潜等译. 天津：南开大学出版社，1989.

[175] 张成福，党秀云. 公共管理学 [M]. 北京：中国人民大学出版社，2001.

[176] 张发民，陈明亮. 关于生态环境的价值 [J]. 生态经济，1992（4）：16–20.

[177] 张惠远，刘桂环. 我国流域生态补偿机制设计 [J]. 环境保护，2006（10）：49–54.

[178] 张紧跟. 组织间网络理论：公共行政学的新视野 [J]. 武汉大学学报（社会科学版），2003（4）：480–486.

[179] 张军连. 可交易水权制度中的相互监督机制 [J]. 中国农村经济，2007（9）：7–14.

[180] 张陆彪，郑海霞，程艳军. 中国流域生态服务补偿研究——以金华江流域为例 [M]//李小云. 生态补偿机制：市场与政府的作用. 北京：社会科学文献出版社，2006.

[181] 张明军，汪伟全. 论和谐地方政府间关系的构建：基于府际治理的新视角 [J]. 中国行政管理，2007（11）：92–95.

[182] 张翼飞，陈红敏，李瑾. 应用意愿价值评估法，科学制订生态补偿标准 [J]. 生态经济，2007（9）：28–31.

[183] 张志强，徐中民，程国栋等. 黑河流域张掖地区生态系统服务恢复的条件价值评估 [J]. 生态学报，2002（6）：885–893.

[184] 章锦河，张捷，梁玥琳等. 九寨沟旅游生态足迹与生态补偿分析 [J]. 自然资源学报，2005（9）：736–744.

[185] 章铮. 生态环境补偿费的若干基本问题 [C]//国家环境保护局自然保护司编. 中国生态环境补偿费的理论与实践 [M]. 北京：中国环境科学出版社，1995.

[186] 赵军，杨凯，邰俊等. 上海城市河流生态系统服务的支付意愿 [J]. 环

境科学，2005（2）：5-10.

[187] 赵鸣骥，刘洁，孙德宝.尽快建立森林生态效益补偿制度——对福建、江西两省相关问题的调查［J］.林业经济，2001（5）：16-20.

[188] 赵旭，杨志峰，徐琳瑜.饮用水源保护区生态服务补偿研究与应用［J］.生态学报，2008（7）：3152-3159.

[189] 郑海霞，张陆彪，封志明.金华江流域生态服务补偿机制及其政策建议［J］.资源科学，2006（5）：30-35.

[190] 郑海霞，张陆彪.流域生态服务补偿定量标准研究［J］.环境保护，2006（1）：42-46.

[191] 郑海霞.中国流域生态补偿机制与政策研究［D］.中国农业科学院农业经济与发展研究所博士后研究工作报告，2006.

[192] 中国环境和发展国际合作委员会生态补偿机制课题组.中国生态补偿机制与政策研究［M］.北京：科学出版社，2007.

[193] 中国环境与发展国际合作委员会.生态补偿机制课题组.流域生态补偿机制［J］.环境保护，2007（7）：53-54.

[194] 钟全林，彭士揆.生态公益林价值补偿意愿调查分析［J］.林业经济，2002（6）：43-46.

[195] 钟瑜，张胜，毛显强.退田还湖生态补偿机制研究——以鄱阳湖区为案例［J］.中国人口·资源与环境，2002（4）：48-52.

[196] 周大杰，董文娟，孙丽英等.流域水资源管理中的生态补偿问题研究［J］.北京师范大学学报（社会科学版），2005（4）：131-135.

[197] 周海炜，张阳.长江三角洲区域跨界水污染治理的多层协商策略［J］.水利水电科技进展，2006，26（5）：64-68.

[198] 周黎安.晋升博弈中政府官员的激励与合作：兼论我国地方保护主义和重复建设长期存在的原因［J］.经济研究，2004（6）：33-40.

[199] 周申蓓.我国跨界水资源管理协商主体研究［D］.河海大学博士学位论文，2006（12）.

[200] 周生贤.全面加强环境政策法制工作，努力推进环境保护历史性转变

[J]. 环境保护，2006（24）：7-14.

[201] 朱九龙，陶晓燕，王世军. 淮河流域水资源价值测算与分析 [J]. 自然资源学报，2005（1）：126-131.

[202] 朱蕾，吕杰. 林业生产决策者收益平衡条件下生态效益补偿优化研究——关于生态效益补偿标准设计的方法 [J]. 辽宁林业科技，2007（3）：26-28.

[203] 庄国泰，高鹏，王学军. 中国生态环境补偿费的理论与实践 [J]. 中国环境科学，1995，15（6）：413-418.

[204] 卓凯，殷存毅. 区域合作的制度基础：跨界治理理论与欧盟经验 [J]. 财经研究，2007（1）：55-65.

[205] 祖建新. 浙江生态公益林补偿调研 [J]. 价格月刊，2007（12）：64-67.